图解·一学就会系列

图解西门子PLC编程速成宝典：
入 门 篇

张生琪　编著

U0180136

机 械 工 业 出 版 社

本书全面介绍了西门子 S7-200 SMART PLC 的软件安装、硬件接线、指令系统和编程软件的使用技巧，指令和功能块的使用方法（这些方法易学易用，可以节约大量的设计时间），PLC 之间、PLC 与 V20 变频器、PLC 与西门子 V90 伺服电动机、PLC 和组态软件之间的通信编程和调试的方法，编程向导运动控制库和 PID 控制系统参数的整定方法，人机界面——触摸屏的组态和应用，以及常用的变频器和 PLC 的通信方法。实例讲解贯穿了全书。

本书赠送 PPT 课件，请联系 QQ296447532 获取。

本书适合 PLC 初学者，以及高等院校机械工程、自动化等相关专业师生阅读。

图书在版编目（CIP）数据

图解西门子PLC编程速成宝典. 入门篇/张生琪编著.
—北京：机械工业出版社，2021.2
（图解·一学就会系列）
ISBN 978-7-111-67502-0

Ⅰ. ①图… Ⅱ. ①张… Ⅲ. ①PLC技术—程序设计—图解
Ⅳ. ①TM571.61-64

中国版本图书馆CIP数据核字（2021）第025333号

机械工业出版社（北京市百万庄大街22号　邮政编码100037）
策划编辑：周国萍　　责任编辑：周国萍　　王　良
责任校对：李　杉　　封面设计：陈　沛
责任印制：李　昂
河北鹏盛贤印刷有限公司印刷
2021年3月第1版第1次印刷
184mm×260mm·11印张·267千字
0 001—2 500册
标准书号：ISBN 978-7-111-67502-0
定价：55.00元

电话服务　　　　　　　　网络服务
客服电话：010-88361066　　机　工　官　网：www.cmpbook.com
　　　　　010-88379833　　机　工　官　博：weibo.com/cmp1952
　　　　　010-68326294　　金　书　网：www.golden-book.com
封底无防伪标均为盗版　　机工教育服务网：www.cmpedu.com

前　　言

本书以西门子 S7-200 SMART PLC 为介绍对象，以其硬件结构、指令系统为基础，以熟悉软件应用、编程设计为最终目的，内容上循序渐进、系统全面，可使读者夯实基础、提高水平，最终达到从工程角度灵活运用的目的。本书具有以下特色：

1）图文并茂、图说指令、列举应用，可为读者提供系统的编程方法，解决读者编程无从下手和如何选择编程指令的难题。

2）以西门子 S7-200 SMART PLC 硬件结构、工作原理、Modbus RTU 通信和以太网通信、西门子 V20 变频器、西门子 V90 伺服电动机、模拟量为基础，结合习题解析，为读者打好西门子编程的基础。

3）语言通俗易懂，减少了专业术语带来的困惑，使读者少走弯路。

全书共分为 12 章，主要包括以下内容：

第 1 章 PLC 基础指令入门，包括西门子 S7-200 SMART PLC 硬件接线，西门子 S7-200 SMART PLC 软件状态表、符号表的应用，基本指令、定时器、计数器的用法，以及 PLC 的逻辑编程知识。

第 2 章数据类型、逻辑运算，包括数据之间的转换、加减乘除、时钟、与或非逻辑等功能指令。

第 3 章高速脉冲输出指令（PTO），主要介绍了如何用西门子 S7-200 SMART PLC 控制步进伺服电动机。

第 4 章运动控制库的使用，主要介绍了西门子 S7-200 SMART PLC 向导的应用。

第 5 章人机界面——触摸屏应用，主要讲了人机界面，包括画面的制作以及如何与西门子 S7-200 SMART PLC 之间通信。

第 6 章子程序高速计数器中断，主要介绍了高速计数器的应用，带参数子程序的建立。

第 7 章模拟量控制，主要介绍了西门子 S7-200 SMART PLC 的模拟量输入 / 输出扩展模块和温度采集等内容。

第 8 章 Modbus RTU 通信及以太网通信，主要介绍了 Modbus RTU 主站指令、从站指令及通信示例，西门子 S7-200 SMART PLC 之间通信等内容。

第 9 章西门子 V20 变频器应用，主要介绍了西门子 V20 变频器控制方式和频率给定方式。

第 10 章西门子 V90 伺服电动机，主要介绍了脉冲型伺服的控制方式和西门子 S7-200 SMART PLC 通信控制方式。

第 11 章 PID 控制器，介绍了西门子 S7-200 SMART PLC 向导配置和程序解析。

第 12 章工程案例及实训指导，介绍了步进案例、高速计数器在定长切断中的应用和 Modbus RTU 通信案例。

本书内容丰富，编程知识均为基础内容，简单易学，编程案例实用，容易上手，适合 PLC 初学者，以及高等院校机械工程、自动化等相关专业师生阅读。

为便于一线读者学习使用，书中一些图形符号及名词术语按行业使用习惯呈现，未全按国家标准统一，敬请谅解。

本书赠送 PPT 课件，请联系 QQ296447532 获取。

由于作者知识水平和经验的局限性，书中难免有错漏之处，敬请广大读者批评指正。

作者

目　　录

第1章 PLC 基础指令入门

1.1 PLC 的定义和分类

1. PLC 的定义

PLC（Programmable Logic Controller）是可编程逻辑控制器的英文缩写，是一台专为工业环境应用而设计制造的计算机，它具有丰富的输入 / 输出接口，具有较强的驱动能力，从而控制各种类型机械的生产过程。早期的可编程逻辑控制器只有逻辑控制的功能，所以被命名为可编程逻辑控制器，后来随着不断地发展，这些当初功能简单的计算机模块已经有了包括逻辑控制、时序控制、模拟控制、多机通信等各类功能，名称也改为可编程控制器（Programmable Controller），但由于它的缩写 PC 与个人计算机（Personal Computer）的缩写相冲突，加上习惯的原因，人们还是经常使用可编程序逻辑控制器这一称呼，并仍使用 PLC 这一缩写。

2. PLC 的分类

（1）按结构形式分　PLC 可分为一体化紧凑型 PLC 和标准模块式结构化 PLC。

1）一体化紧凑型 PLC：电源、CPU 中央处理系统、I/O 接口都集成在一个机壳内，如西门子 S7-200 系列，如图 1-1 所示。

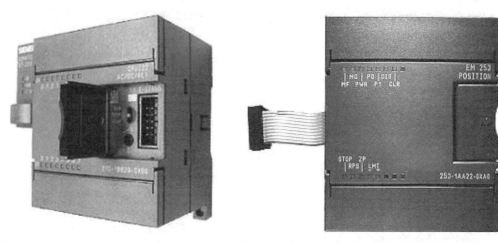

图　1-1

2）标准模块式结构化 PLC：各种模块相互独立，并安装在固定的机架（导轨）上，构成一个完整的 PLC 应用系统，如西门子 S7-300、S7-400 系列如图 1-2 所示。

图 1-2

（2）按功能分　根据 PLC 的功能不同，可将 PLC 分为低档、中档、高档三类。

1）低档 PLC 具有逻辑运算、定时、计数、移位以及自诊断、监控等基本功能，还可以有少量模拟量输入 / 输出、算术运算、数据传送和比较及通信等功能，主要用于逻辑控制、顺序控制或少量模拟量控制的单机控制系统。

2）中档 PLC 除具有低档 PLC 的功能外，还具有较强的模拟量输入 / 输出、算术运算、数据传送和比较、数制转换、远程 I/O、子程序及通信联网等功能，有些还可增设中断控制、PID 控制等功能，适用于复杂的控制系统。

3）高档 PLC 除具有中档 PLC 的功能外，还增加了带符号算术运算、矩阵运算、位逻辑运算、平方根运算及其他特殊功能函数的运算、制表及表格传送功能等。高档 PLC 具有更强的通信联网功能，可用于大规模过程控制或构成分布式网络控制系统，进而实现工厂自动化。

（3）按 I/O 点数分　根据 PLC 的 I/O 点数多少，可将 PLC 分为小型、中型和大型三类。

1）小型 PLC 的 I/O 点数小于 256，具有单 CPU 及 8 位或 16 位处理器，用户存储器容量为 4KB 以下。

2）中型 PLC 的 I/O 点数在 256 ～ 2048，具有双 CPU，用户存储器容量为 2 ～ 8KB。

3）大型 PLC 的 I/O 点数大于 2048，具有多 CPU 及 16 位或 32 位处理器，用户存储器容量为 8 ～ 16KB。

1.2　PLC 的功能和特点

1. PLC 的功能

1）PLC 的功能主要分为基本功能和数据功能。基本功能主要是一些开关量的控制，比如输入 / 输出、定时器、计数器、开关量信号。数据功能主要是进行一些逻辑运算（加减乘除指令），模拟量的采集，数据之间的转换。

2）输入 / 输出接口调理功能具有 A（模拟量）、D（数字量）、D/A 转换功能，通过 I/O 模块完成对模拟量的控制和调节，位数和精度可以根据用户要求选择，具有温度测量接口，直接连接各种热电阻或热电偶。

3）通信、联网功能。西门子工业通信协议 PPI 点到点通信协议，是西门子专为 S7-

200 系列开发的一个主从协议，主站发送请求，从站响应，从站设备不主动发出信息，不需要扩展模块，通过内置的串口实现，当 S7-200 作为主站时，可以通过 NETR（网络读取）和 NETW（网络写入）指令来读写另一个 S7-200。对于 S7-200 SMART，PLC 通信可以采用 TCP/IP 协议，也就是 RJ45 接口，用以太网通信，PROFINET 协议，连接方式如图 1-3 所示。

4）人机界面功能，是指人与计算机系统之间的通信媒介或手段，是人与计算机之间进行各种符号和动作的双向信息交换的平台，如图 1-4 所示。

图　1-3　　　　　　　　　　　　　　　　　　图　1-4

5）编程、调试、在线诊断功能。使用复杂程度不同的手持、便携和桌面式编程器、工作站和操作屏，进行编程、调试、监视、试验和记录，并通过打印机打印出程序文件。

6）运动控制功能。对于西门子 S7-200 SMART 这款产品，对运动控制支持三轴高速脉冲输出，也就是说支持三台步进和伺服电动机，如图 1-5 所示由 PLC 向外发出脉冲来控制步进和伺服电动机驱动器，从而控制步进伺服电动机。

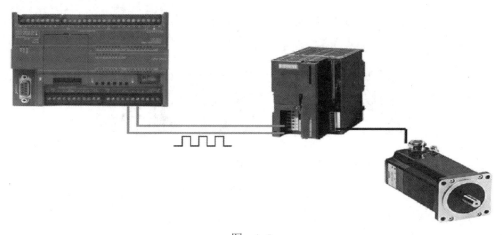

图　1-5

2. PLC 的特点

PLC 具有有丰富的 I/O 接口模块，采用模块化、结构化，运行速度快、功能完善、编程简单、易于使用，系统设计、安装、调试方便，维修方便、维修工作量小、总价格低的特点。

1.3 西门子 PLC 家族产品

西门子家族产品根据 I/O 能力、程序大小、接受指令速度、通信能力、应用过程中的复杂性主要分为 6 个系列：西门子 LOGO 系列、西门子 S7-200 系列、西门子 S7-200 SMART 系列、西门子 S7-1500 系列、西门子 S7-300 系列、西门子 S7-400 系列，如图 1-6 所示。

S7-1500 系列的通信能力、人性化的显示方式、更全面的控制功能、组态效率、自诊断能力、工业信息的安全，完全取代了 S7-300 系列、S7-400 系列。

图 1-6

1.4 S7-200 SMART PLC 的硬件介绍

1）S7-200 Smart PLC 按输入/输出点数总和分类可分为 20 点、30 点、40 点和 60 点，如图 1-7 所示。

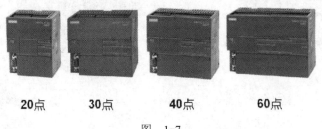

20点　　30点　　40点　　60点

图 1-7

2）S7-200 SMART 按照扩展性能分类分为标准型和经济型。标准型的特点为：具有可扩展 CPU 模块，可满足对 I/O 规模有效需求，逻辑控制相对复杂。经济型的特点为：具有不可扩展 CPU 模块，直接通过 CPU 本体满足相对简单的控制要求。

3）S7-200 SMART 按照输出类型分类分为 S 标准型、C 经济型，如图 1-8 所示。图 1-8 中，R：继电器输出；T：晶体管输出。所有 CPU 输出都有两种类型，即继电器输出和晶体管输出。具体说明如下：

SIMATIC S7-200 SMART CPU		CPU 配置（供电 / 输入 / 输出）
20I/O	CPU SR20	AC/DC/RLY
	CPU ST20	DC/DC/DC
30I/O	CPU SR30	AC/DC/RLY
	CPU ST30	DC/DC/DC
40I/O	CPU SR40	AC/DC/RLY
	CPU ST40	DC/DC/DC
	CPU CR40	AC/DC/RLY
60I/O	CPU SR60	AC/DC/RLY
	CPU ST60	DC/DC/DC
	CPU CR60	AC/DC/RLY

图　1-8

① AC/DC/RLY：交流工作电源 / 直流输入 / 继电器输出。

② DC/DC/DC：直流工作电源 / 直流输入 / 晶体管输出。

③ 继电器类型的 PLC 工作电压为 220V，晶体管类型的 PLC 工作电压为 24V。

④ I/O 比例 3:2，Digital 为数字量，Analog 为模拟量，I 为输入，O 为输出。

⑤ S7-200 SMART 输入输出类型对于数字量输入分为源型和漏型及 NPN 和 PNP，工作电压均为 24V；对于数字量输出则分为继电器输出和晶体管输出，继电器输出的 PLC 输出电压可以为 24V 或者 220V，晶体管输出的 PLC 输出电压为 24V。

1.5　S7-200 SMART 扩展模块及信号板

S7-200 SMART 扩展板的基本信息见表 1-1。我们为什么选择加扩展模块或者信号板？是因为在实际工作中，需要根据现场工艺要求选择配置 I/O 点或者特殊模块的时候，可以合理布局，从而选择合适的模块及信号板。

表　1-1

型　号	规　格	描　述
SB DT04	2DI/2DO 晶体管输出	提供额外的数字量 I/O 扩张，支持 2 路数字量输入和 2 路数字量晶体管输出
SB AE01	1AI	提供额外的模拟量 I/O 扩张，支持 1 路模拟量输入，精度为 12 位
SB AQ01	1AO	提供额外的模拟量 I/O 扩张，支持 1 路模拟量输出，精度为 12 位
SB CM01	RS232/RS485	提供额外的 RS232/RS485 串行通信接口，在软件中简单设置即可实现转换
SB BA01	实时时钟保持	支持普通的 CR1025 纽扣电池，能断电保持时钟运行约 1 年

S7-200 SMART 信号板的安装如图 1-9 所示，先打开上盖板，然后拿掉盖板，最后插入扩展板即可。

卸掉端子盖板　　用螺钉旋具卸掉空盖板　　无须螺钉紧固，轻按即可　　安装完成

图　1-9

S7-200 SMART 模块扩展如图 1-10 所示。S7-200 SMART PLC 在加扩展模块时，无论选择什么模块，其主机后面只能挂 6 个模块。

图　1-10

S7-200 SMART 模块扩展大致分为数字量输入模块（DI）、数字量输出模块（DQ）、数字量输入输出模块（DI/DQ）、模拟量输入模块（AI）、模拟量输出模块（AQ）、模拟量输入输出模块（AI/AQ）、温度模块（RTD/TC）、DP01PROFIBUS DP 从站模块、Relay 继电器输出、Transistor 晶体管输出、RTD 热电阻、TC 热电偶。图 1-11 为 SMART 所支持的所有模块。

EM DP01 (DP)	EM DR32 (16DI / 16DQ Relay)
EM DE08 (8DI)	EM AE04 (4AI)
EM DE16 (16DI)	EM AE08 (8AI)
EM DT08 (8DQ Transistor)	EM AQ02 (2AQ)
EM DR08 (8DQ Relay)	EM AQ04 (4AQ)
EM QT16 (16DQ Transistor)	EM AM03 (2AI / 1AQ)
EM QR16 (16DQ Relay)	EM AM06 (4AI / 2AQ)
EM DT16 (8DI / 8DQ Transistor)	EM AR02 (2AI RTD)
EM DR16 (8DI / 8DQ Relay)	EM AR04 (4AI RTD)
EM DT32 (16DI / 16DQ Transistor)	EM AT04 (4AI TC)

图　1-11

1.6　S7-200 SMART 面板介绍

1）S7-200 SMART 面板的电源接线如图 1-12 所示，晶体管的 PLC 电源接 24V，继电器的 PLC 电源接 220V。

2）S7-200 SMART 面板的运行状态指示灯如图 1-13 所示，当 PLC 处于运行状态时，RUN 为绿色；当 PLC 在停止模式时，STOP 为黄色；当有强制信号时，STOP 也为黄色；当出现故障时，ERROR 为红色。

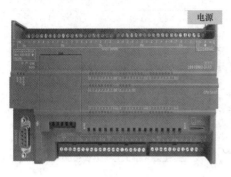

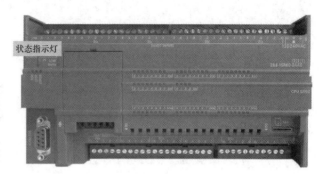

图　1-12　　　　　　　　　　　　　　　图　1-13

3）S7-200 SMART 面板的 I/O 状态指示灯如图 1-14 所示，当有信号输入输出时，对应的指示灯会显示绿色，表示有信号输入。

4）S7-200 SMART 面板的输入输出接线端子如图 1-15 所示，开关量的输入，比如按钮、接近开关、光电开关的接入，输出主要接指示灯、线圈。

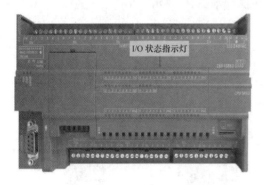

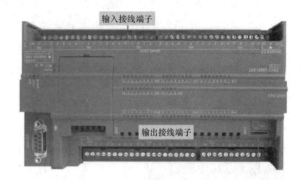

图　1-14　　　　　　　　　　　　　　　图　1-15

5）S7-200 SMART 面板的以太网接口如图 1-16 所示，主要用来进行程序上下载和人机通信。

6）S7-200 SMART 面板的以太网指示如图 1-17 所示，主要是发送接收数据的指示。

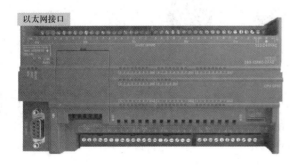

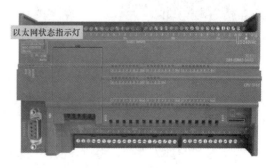

图　1-16　　　　　　　　　　　　　　　图　1-17

7）S7-200 SMART 面板的 RS485 接口如图 1-18 所示，只要 PLC 走 485 通信协议，都通过 RS485 接口连接。

8）S7-200 SMART 面板的扩展信号板位置指示如图 1-19 所示，主要用来选型，扩展 I/O 点个数。

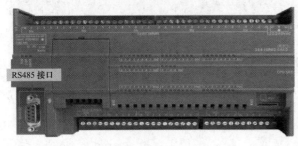

图 1-18　　　　　　　　　　　　　　　图 1-19

1.7　S7-200 SMART 的功能和特点

S7-200 SMART 的功能和特点如下：

1）机型比较丰富，用户选择更多，有经济型和标准型，各有 20、30、40、60 个点。

2）选件扩展能力比较强，芯片处理速度快。

3）以太网互联，经济便捷，通过以太网接口可以和其他 CPU 模块、触摸屏和计算机通过网线轻松组网，如图 1-20 所示。

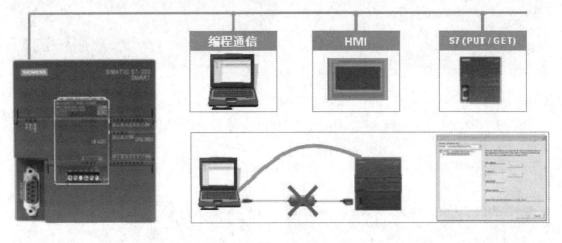

图　1-20

4）支持三轴高速脉冲，运动自如，如图 1-21 所示。

5）采用通用的 SD 卡，如图 1-22 所示，可以用来下载程序，固件升级，恢复出厂设置。

6）软件界面人性化，随意拖动，高效编程。

7）主机模块连接完美整齐。

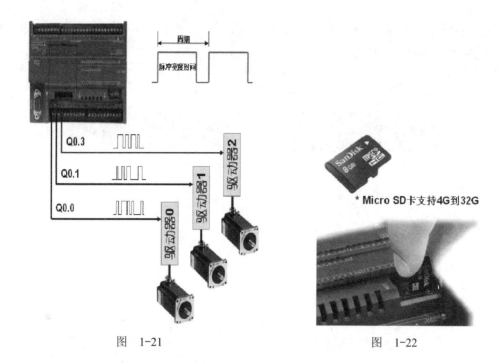

图　1-21

* Micro SD卡支持4G到32G

图　1-22

1.8　S7-200 SMART 外围接线

1）ST30 输入接线，S 是指经济型的 PLC，T 是指晶体管的 PLC，30 指 PLC 的输入输出点数是一共 30 个，PLC 输出是 24V 电压输出，如图 1-23 所示，上端端子 DIa 表示数字量输入第一组，DIb 表示数字量输入第二组，DIc 表示数字量输入的第三组，1M 表示数字量输入的公共端。

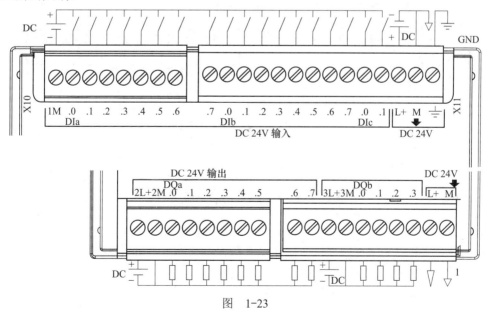

图　1-23

1M 可接正或者负，I0.0 接入输入信号、按钮、光电开关、限位开关等。接普通按钮时，

M 接正负均可，内部是双向二极管（无源开关自身不需要电源）。1M 可接 24V 正或者 0V，I0.0 接按钮进线时，按钮的出线接 0V/24V。

2）传感器 NPN 型接线，如图 1-24 所示，NPN 接线口诀：棕正，兰负，黑信号，1M 接正。

3）传感器 PNP 型接线，如图 1-25 所示，PNP 接线口诀：棕正，兰负，黑信号，1M 接负。

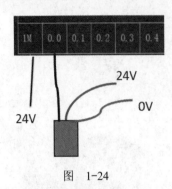

图 1-24

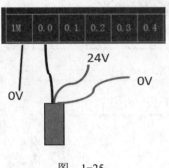

图 1-25

4）ST30 PLC 输出接线，ST 是晶体管的 PLC，输出是 24V 电压输出，如图 1-23 所示。下端端子 DQa 表示数字量输出第一组，DQb 表示数字量输出第二组，2L+ 和 2M– 是 DQa 的电源，3L+ 和 3M– 是 DQb 的电源，L+ 和 M– 是 PLC 自身输出的 24V 电源。

2M/3M 接负，2L+/3L+ 接正，Q 点经线圈接负，如图 1-23 所示。

5）SR30 PLC 输出接线，SR 是继电器的 PLC，输出是 24V/220V 电压输出，如图 1-26 所示，下端端子 DQa 表示数字量输出第一组，1L 是第一组的公共端，2L 是第二组的公共端，L 是火线，N 是零线，电压为 220V。

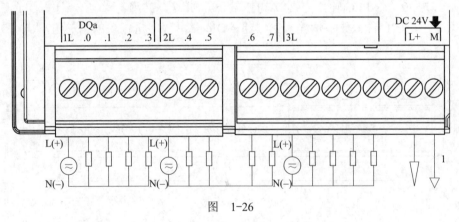

图 1-26

1.9 STEP 7-Micro/WIN SMART 软件安装

STEP 7-Micro/WIN SMART 软件安装注意事项：首先在安装 STEP 7-Micro/WIN SMART 软件时记得关闭计算机杀毒软件，其次计算机系统最好采用 Windows7 操作系统，最后安装软件时不要重复安装。

STEP 7-Micro/WIN Smart 软件安装步骤如下：

找到安装包，解压缩，然后找到 Setup.exe 应用程序，双击即可安装，如图 1-27 所示。

找到软件图标，如图 1-28 所示，则 STEP7-Micro/WIN SMART 软件安装完成。

图　1-27

图　1-28

1.10　STEP 7-Micro/WIN SMART 软件基本操作

　　STEP 7-Micro/WIN SMART 软件安装完成后，首先要学会中英文之间的切换，以方便操作，默认是中文。单击软件的"文件"菜单，选择"设置"选项，单击子菜单"常规"选项，选择"语言"，单击"确定"按钮，重新打开软件，设置完成。

　　STEP 7-Micro/WIN SMART 软件界面如图 1-29 所示。图中相应序号说明如下：

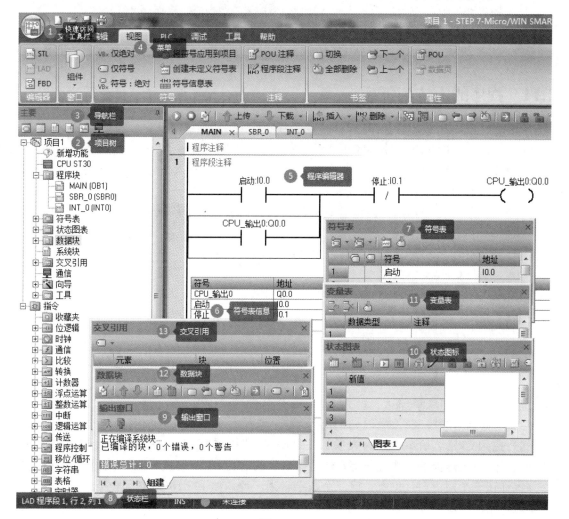

图　1-29

1）快速访问工具栏：有"新建"（New）、"打开"（Open）、"保存"（Save）和"打印"（Print）。

2）项目树：对项目内容进行组织。

3）导航栏：可快速访问项目树上的对象。

4）菜单：包括文件、编辑、视图、PLC、调试、工具、帮助。

5）程序编辑器：一个新项目的编辑窗口。

6）符号表信息：符号名、绝对地址、值、数据类型和注释，按字母顺序显示在程序每个程序段的下方且不可修改。

7）符号表：定义各个开关量、数字量的名称及注释。

8）状态栏：监控状态下查看当前开关量、数值量的状态。

9）输出窗口：下载正常与否、程序编译错误显示窗口。

10）状态图标：在表格中显示状态数据，每行指定一个要监视的 PLC 数据值。可指定存储器地址、格式、当前值和新值（如果使用强制命令）。

11）变量表：对于带参数的子程序，新建变量方便调用。

12）数据块：向 V 区分配地址。

13）交叉引用：查看整个项目中开关量、数值量应用的数量和状态，以及所在位置。

1.11　程序的上传与下载

程序的上传与下载步骤如下：

1）确定计算机的 IP 地址，打开"网络和共享中心"，选择"更改适配器设置"选项，单击后在显示的连接中，选择"本地连接"，单击右键，打开"本地连接"属性，选择协议版本 4，确定 IP 地址，如图 1-30 所示。

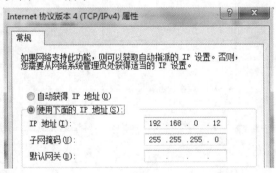

图　1-30

2）单击通信图标 通信，或者单击下载图标 下载，如图 1-31 所示。

3）选择通信的接口，如图 1-32 所示，这里选择本地网卡作为通信接口开始查找。

4）找到 CPU 之后单击"闪烁指示灯"按钮（图 1-33），验证是否连接到 PLC，PLC 状态指示灯将闪烁提示，并且一定要注意搜索到的 PLC 的 IP 地址和图 1-30 中本地 IP 地址必须保证在一个网段内，也就是前三个数字必须一致，如 192.168.0 必须一致，最后一个数字不能一样才可以正常连接。

5）也可以通过更改 PLC 的 IP 地址和本地 IP 地址保持一致，如图 1-34 所示。

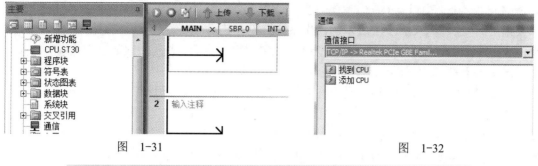

图 1-31   图 1-32

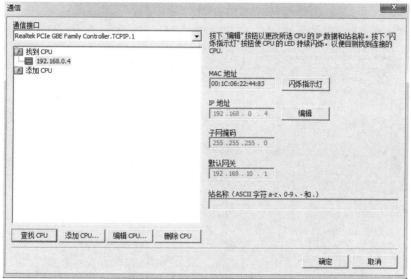

图 1-33

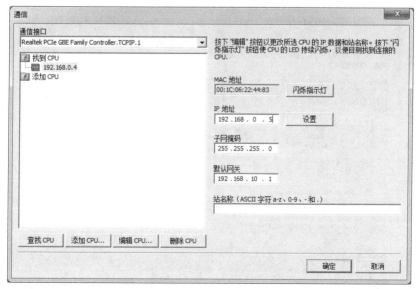

图 1-34

6）IP 地址设置成功以后就可以对程序进行上传与下载处理。如果下载时以太网口搜索不到 CPU 怎么办？为何程序下载时搜索不到 CPU？产生此问题的原因有很多，比如安装了 360

安全卫士、金山卫士以及 QQ 管家等第三方杀毒软件，或者 Windows 操作系统并非完整版操作系统，例如安装了 GHOST 版本的操作系统。检查其网络电缆是否连接好，在 CPU 本体左上角以太网接口处有"以太网状态"指示灯"LINK"，指示灯，可按照如下步骤逐一检查。

① 检查硬件连接网线是否连接正常。

② 检查编程设备的 IP 地址是否与 CPU 的 IP 地址在同一网段中。

③ 如果使用 STEP 7-Micro/WIN SMART 查找 CPU 无法找到或者可以找到 CPU，但是单击"确定"按钮时出现图 1-35 所示对话框，需要在操作系统的控制面板中打开"设置 PG/PC 接口"选项，确保"MWSMART"应用程序访问点选择的是当前 PC 使用的以太网卡，如图 1-36 所示，访问路径选择为带有 TCP/IP 协议的接口。

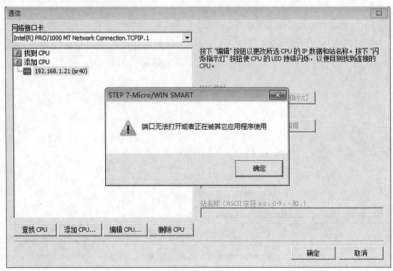

图　1-35

图　1-36

1.12　硬件组态、符号表、状态表、程序监视

在实际编程工作中，首要任务是系统块（图 1-37）的组态和创建符号表（图 1-38）。

	模块	版本	输入	输出	订货号
CPU	CPU ST30 (DC/DC/DC)	V02.04.01_00.00...	I0.0	Q0.0	6ES7 288-1ST30-0AA0
SB					
EM 0	EM DT08 (8DQ Transistor)			Q8.0	6ES7 288-2DT08-0AA0
EM 1	EM AE04 (4AI)		AIW32		6ES7 288-3AE04-0AA0
EM 2					
EM 3					
EM 4					
EM 5					

图　1-37

			符号	地址	注释
1			启动	I0.0	电机启动按钮
2			停止	I0.1	电机停止按钮
3			电机	Q0.0	电机
4					
5					

图　1-38

系统块的组态也就是选型，CPU 就是当前主机，版本 2.04，EM0 是数字量输出晶体管类型的模块，地址从 Q8.0 开始自动分配，EM1 是第二个模块 4 路模拟量输入模块，地址从 AIW32 开始依次向后排，4 个地址为 AIW32、AIW34、AIW36、AIW38。

创建符号表是为了使我们编程方便、思路清晰。创建符号表需要注意：新建的程序 I/O 已经被默认定义，如图 1-39 所示，如果想自己定义，需要删除系统自带的 I/O 符号表。

			符号	地址
1			CPU_输入 0	I0.0
2			CPU_输入 1	I0.1
3			CPU_输入 2	I0.2
4			CPU_输入 3	I0.3
5			CPU_输入 4	I0.4
6			CPU_输入 5	I0.5
7			CPU_输入 6	I0.6
8			CPU_输入 7	I0.7
9			CPU_输入 8	I1.0
10			CPU_输入 9	I1.1

图　1-39

状态表的应用如图 1-40 所示。状态表主要是用来监控当前触点通断电的情况，我们往往是根据监控到的通断状态来判断开关的好坏，以及数据传送状态。

需要注意：在监控状态下，程序不可修改，不可上传、下载。图 1-40 中黑色表示触点现在的状态是得电状态，灰色是失电状态，还可以通过状态图标来确定开关的得电情况，如

图 1-41 所示。

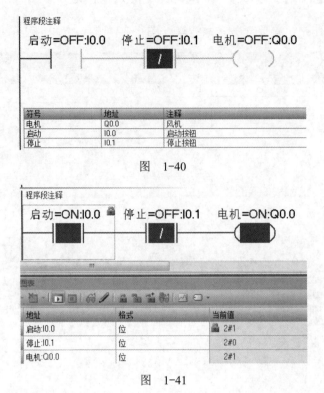

图 1-40

图 1-41

在监控状态下，"格式"中的"位"代表开关量，当前值 2#1 表示现在的开关处于得电状态，2#0 表示开关处于失电状态。

1.13 常开、常闭、基本位逻辑指令以及线圈和脉冲指令的使用

1. 常开、常闭、基本位逻辑指令

常开、常闭、基本位逻辑指令是程序中运用最频繁的指令。根据功能用法不同，将常开、常闭、触点类指令称为标准位逻辑指令，也叫作梯形图指令，见表 1-2。

表 1-2　标准位逻辑指令

梯形图指令	名　　称
─┤├─	常开触点
─┤/├─	常闭触点
─（　）─	输出线圈

可以用常开、常闭指令做一些简单的逻辑控制程序，就像我们学过的串并联电路和混联电路一样。

1）与逻辑串联控制，如图 1-42 所示。

2）或逻辑并联控制，如图 1-43 所示。

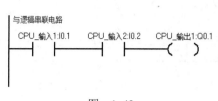

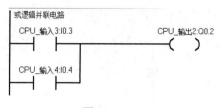

图 1-42　　　　　　　　　　　　　　　　　图 1-43

3）串联电路块，如图 1-44 所示。电路块的串联是两个或两个以上的触点并联的电路，当这些并联电路块需要串联起来时就是串联电路块。

4）并联电路块，如图 1-45 所示。两个或两个以上的触点串联的电路称为串联电路块，当这些串联电路块并联在一起时就是并联电路块。

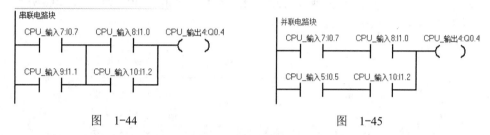

图 1-44　　　　　　　　　　　　　　　　　图 1-45

5）条件输出程序，如图 1-46 所示。当条件触发时，程序执行；当触发 I0.0 触点时，线圈 Q0.0/Q0.1 同时得电。

6）多条件输出程序，如图 1-47 所示。当触发 I0.0 时，Q0.0/Q0.1 得电；当同时触发 I0.0/I0.2 两个开关时，Q0.0/Q0.1/Q0.2 三个线圈同时得电。

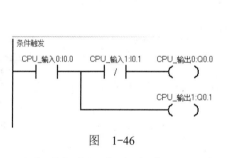

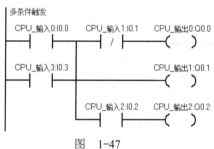

图 1-46　　　　　　　　　　　　　　　　　图 1-47

2. 置位（S）和复位（R）指令

置位（S）和复位（R）指令用于置位（接通）或复位（断开），从指定地址（位）开始的一组位（N），可以置位或复位 1～255 个位，见表 1-3。

表 1-3　置位／复位指令 1

梯形图指令	名　称
─(S)	置位指令
─(R)	复位指令

1）置位、复位操作指令如图 1-48 所示，不管置位还是复位，操作对象都是位原件，也就是 BIT，下面的操作数 N，可以置位或复位 1～255 个位，当按下 I0.0 时，从 Q0.0 开

始的连续的三个位状态由 0 变成 1。

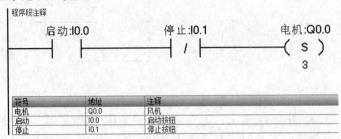

图 1-48

2）复位操作指令如图 1-49 所示，不管置位还是复位，操作对象都是位原件，也就是 BIT，下面的操作数 N，可以置位或复位 1 ～ 255 个位，当按下 I0.0 时，从 Q0.0 开始的连续的三个位状态由 1 变成 0。

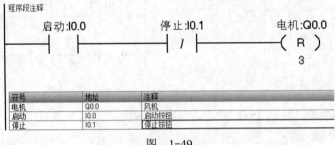

图 1-49

3）置位、复位优先。置位（S）和复位（R）指令用于置位（接通）或复位（断开）从指定地址（位）开始的一组位（N），可以置位或复位 1 ～ 255 个位，见表 1-4。

表 1-4　置位 / 复位指令 2

梯形图指令	名　称
S1 OUT SR R	置位优先的触发器置位复位指令
S OUT RS R1	复位优先的触发器置位复位指令

4）置位优先指令如图 1-50 所示。置位优先指令，当 I0.0 置位和复位同时触发时，SR 谁在前面先执行谁，则 Q0.0 得电。

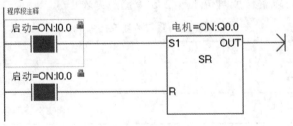

图 1-50

5）复位优先指令如图 1-51 所示。复位优先指令，当 I0.0 置位和复位同时触发时，RS

谁在前面先执行谁，则 Q0.0 失电。

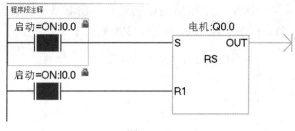

图　1-51

3. 其他位逻辑指令

NOT 取反指令和沿触发指令见表 1-5。

表　1-5

梯形图指令	名　称
─┤NOT├─	取反指令
─┤P├─	上升沿指令
─┤N├─	下降沿指令

1）取反指令如图 1-52 所示，当 I0.0 状态为常开时，通过 NOT 进行取反，I0.0 状态由 0 变成 1，所以 Q0.0 得电；I0.1 状态为常闭时，通过 NOT 进行取反，I0.1 状态由 1 变成 0，所以 Q0.0 不得电。

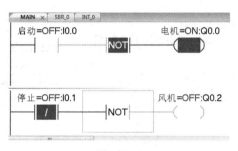

图　1-52

2）P 正跳变触点（上升沿）指令允许信号在每次断开到接通转换后得电一个扫描周期，N 负跳变触点（下降沿）指令允许信号在每次接通到断开转换后得电一个扫描周期，如图 1-53 所示，按下 I0.0 一瞬间，Q0.0 会闪一次，松开 I0.0 时，Q0.2 闪一次。

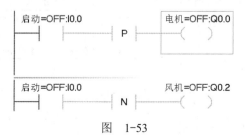

图　1-53

3）常用特殊寄存器 SM0.0、SM0.1、SM0.5、SM0.4，如图 1-54 所示。SM0.0 通电一直得电；SM0.1 通电只得一次电，常用做通电初始化，SM0.5 针对 1s 的周期，0.5s 接通，0.5 断开；SM0.4 针对 1min 的周期，30s 接通，30s 断开。

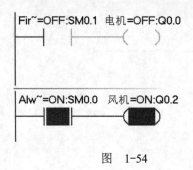

图　1-54

1.14　定时器

S7-200 SMART 指令提供了三种类型的定时器，如图 1-55 所示。接通延时定时器（TON）用于定时单个时间间隔，保持型接通延时定时器（TONR）用于累积多个定时时间间隔的时间值，断开延时定时器（TOF）用于在 OFF（或 FALSE）条件之后延长一定时间间隔，例如冷却电动机的延时。

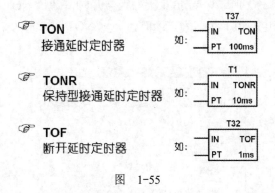

图　1-55

1）接通延时定时器 TON 如图 1-56 所示，T37 代表 100ms 的时基当前值，PT 是预设时间，IN 是使能，当 I0.0 接通定时器开始计时，I0.0 失电时，当前值清零，I0.0 再次接通时，定时器继续从 0 开始计时。

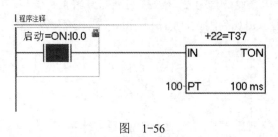

图　1-56

2）断开延时定时器 TOF 如图 1-57 所示，T37 代表 100ms 的时基当前值，PT 是预设时间，IN 是使能，当 I0.0 断电以后 T37 开始计时。

3）保持型接通延时定时器 TONR 如图 1-58 所示，当 I0.0 接通定时器开始计时，I0.0 失电时，当前值保持不变，I0.0 再次接通时，定时器继续从上次时间开始计时。

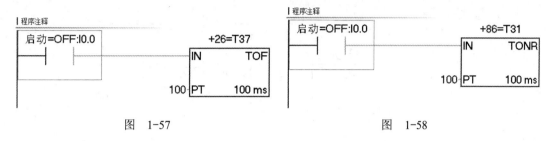

图 1-57   图 1-58

定时器对时间间隔计数，定时器的分辨率时基（表 1-6）决定了每个时间间隔的长短，S7-200 SMART 提供了 256 个可供使用的定时器，即用户可用的定时器号为 T0 ~ T255，TON、TONR 和 TOF 定时器提供 1ms、10ms 和 100ms 三种分辨率。当前值的每个单位均为时基的倍数，例如，使用 10ms 定时器时，计数 50 表示经过的时间为 500ms。

表 1-6

定时器类型	时基 /ms	最大值 /s	定时器号
TON，TOF	1	32.767	T32，T96
	10	327.67	T33 ~ T36，T97 ~ T100
	100	3276.7	T37 ~ T63，T101 ~ T255
TONR	1	32.767	T0 T64
	10	327.67	T1 ~ T4，T65 ~ T68
	100	3276.7	T5 ~ T31，T69 ~ T95

1.15 计数器

S7-200 SMART 指令提供了 CTU 增计数器、CTD 减计数器、CTUD 增减计数器三种类型的计数器，如图 1-59 所示。

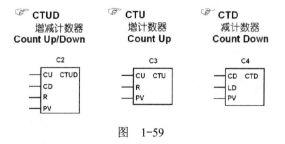

图 1-59

1）CTU 增计数器如图 1-60 所示，计数器的编号是 C0 ~ C255，CU 为使能端，R 为复位，PV 为设定次数，当计数次数 C0 当前值等于设定值时，计数器触点跟着做相应的动作，即常开变常闭，常闭变常开。

2）CTD 减计数器如图 1-61 所示，计数器的编号是 C0 ～ C255，CD 为使能端，LD 为装载端，PV 为设定次数，当计数次数 C0 当前值等于 0 时，触点跟着做相应的动作，预设值最大允许 32767。

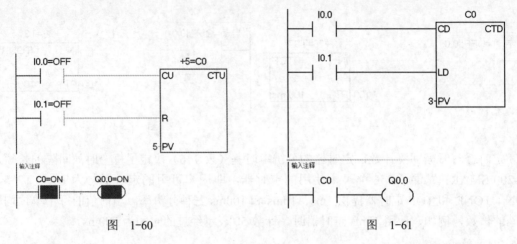

图 1-60　　　　　　　　　　　　图 1-61

3）CTUD 增减计数如图 1-62 所示，当计数器的 R 复位端为 0 时，CU 端每接通一次向上加一次，CD 端每接通一次向下减一次，当前值大于等于 PV 预设值时，计数器状态位为 1。最小值为 –32768，最大值为 32767。若加减计数器当前值最大为 32767，CU 端再触发一次则立刻变为 –32768。若加减计数器当前值为最小值 –32768，CD 端再触发一次则立即变为 32767。

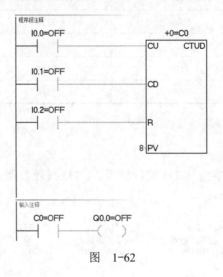

图 1-62

1.16　基本指令在案例中的使用 1

常开、常闭、线圈、定时器、计数器是编程中最常见、最常用的基本指令。在现场实际编程时，可以根据工艺要求，应用基本指令进行工艺逻辑的编程。下面列举几个基本指令的使用案例。

1）延时起动电动机，如图 1-63 所示。

2）星三角转换，如图 1-64 所示。

3）振荡电路，如图 1-65 所示。

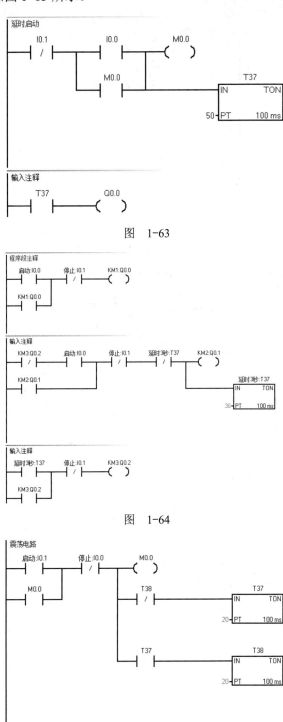

图　1-63

图　1-64

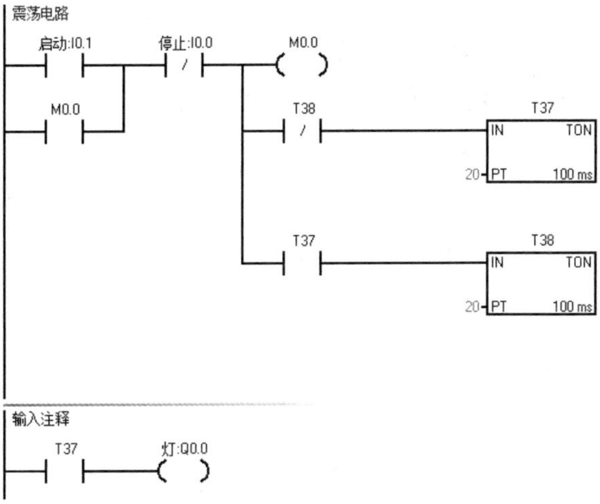

图　1-65

4）灯亮 5s 闪 5s 循环，如图 1-66 所示。

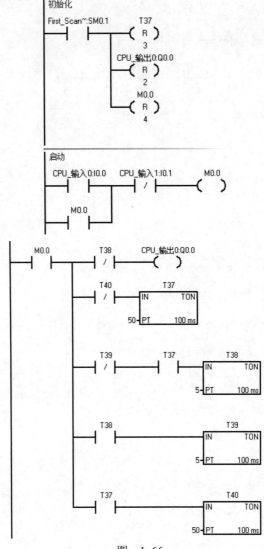

图　1-66

5）计数器和定时器组合实现长延时，如图 1-67 所示。

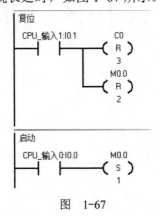

图　1-67

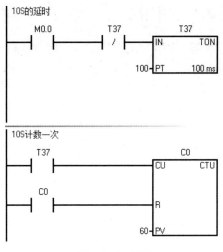

图　1-67（续）

6）顺起逆停，A 电动机起动，1s 后 B 电动机也起动，停止时 B 电动机先停，1s 后 A 电动机也停，如图 1-68 所示。

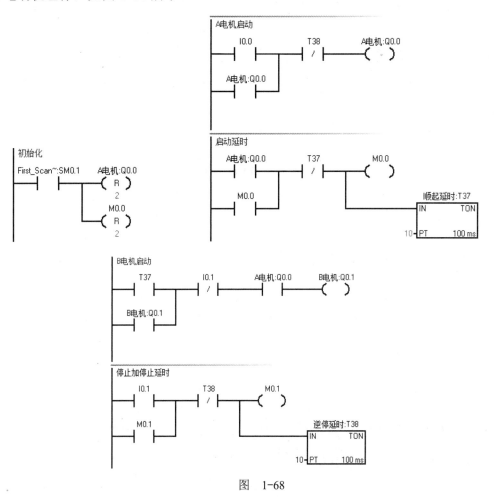

图　1-68

1.17 基本指令在案例中的使用 2

在实际编程时基本指令除了经常用到的常开、常闭、线圈、定时器、计数器以外，沿指令和一些技巧性的指令也常用到，它们不仅满足工艺要求，而且能大大提高编程速度，让程序整体结构比较清晰。下面列举几个案例的使用。

1）上升沿单按钮起停，如图 1-69 所示。

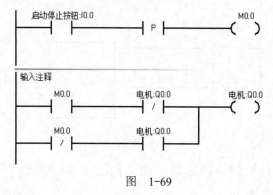

图　1-69

2）正反转互锁，如图 1-70 所示。

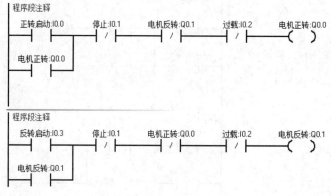

图　1-70

3）起保停，用置位优先，如图 1-71 所示。

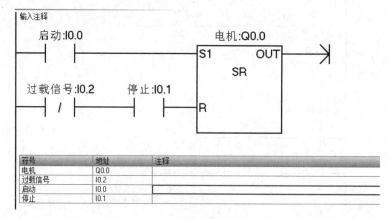

符号	地址	注释
电机	Q0.0	
过载信号	I0.2	
启动	I0.0	
停止	I0.1	

图　1-71

4）两台电动机 A 起动之后 B 才能起动　停止时一起停止，如图 1-72 所示。

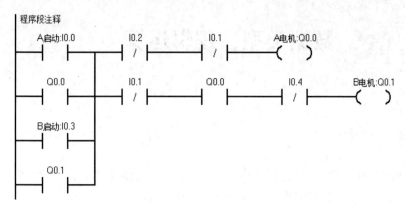

图　1-72

第2章　数据类型、逻辑运算

2.1　数制

数制之间的相互转换主要包括二进制、十进制、十六进制、八进制四者之间的相互转换。

1）十进制与二进制之间的相互转换，如图 2-1 所示。

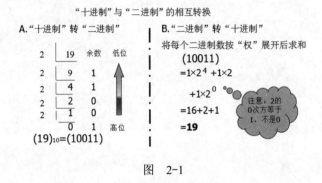

图　2-1

2）十进制与八进制的相互转换，如图 2-2 所示。

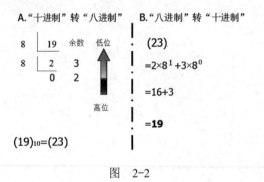

图　2-2

3）十进制与十六进制的相互转换，如图 2-3 所示。

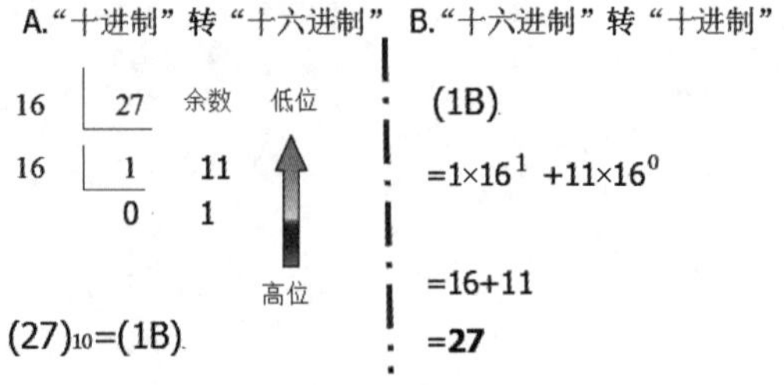

A."十进制"转"十六进制"　B."十六进制"转"十进制"

$$
\begin{array}{r|l}
16 & \underline{27} \\
16 & \underline{1} \\
& 0
\end{array}
\quad
\begin{array}{l}
\text{余数} \\
11 \\
1
\end{array}
$$

(1B)

$=1\times16^1 +11\times16^0$

$=16+11$

$(27)_{10}=(1B)$　**=27**

图　2-3

4）二进制与八进制的相互转换，如图 2-4 所示。

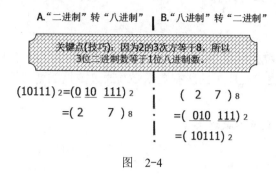

A."二进制"转"八进制"　B."八进制"转"二进制"

关键点(技巧)：因为2的3次方等于8，所以
3位二进制数等于1位八进制数。

$(10111)_2 = (0\ 10\ 111)_2$
$= (2\ \ 7)_8$

$(\ 2\ \ 7\ )_8$
$= (\ 010\ 111)_2$
$= (\ 10111\ )_2$

图　2-4

5）二进制与十六进制的相互转换，如图 2-5 所示。

A."二进制"转"十六进制"　B."十六进制"转"二进制"

关键点(技巧)：因为2的4次方等于16，所以
4位二进制数等于1位十六进制数。

$(101111)_2 = (0010\ 1111)_2$
$= (2\ \ F)_{16}$

$(\ A\ \ F\ )_{16}$
$= (\ 1010\ 1111)_2$
$= (\ 10101111\ )_2$

图　2-5

二进制所有的数据在 PLC 中都以二进制的形式存储，用 1 位二进制数表示数字量，二进制数的 1 位（bit）只能取 0 和 1 这两个不同的值，可以用一个二进制的数表示数字量的两种不同的状态，例如 I0.0、M0.0、Q0.0。多位二进制数用于表示大于 1 的数字。二进制数遵循逢 2 进 1 的运算规则，每一位都有固定的权值，从右往左的第 n 位（最低位为第 0 位）的权值为 $2n$，第 3 位至第 0 位的权值分别为 8、4、2、1，所以二进制数也叫作 8421 码，见表 2-1。

表　2-1

进位制	二进制		八进制				十进制					十六进制			
规则	逢 2 进 1		逢 8 进 1				逢 10 进 1					逢 16 进 1			
基数	2		8				10					16			
数符	0	1	0 1 2 3 4 5 6 7				0 1 2 3 4 5 6 7 8 9					0 1 2 3 4 5 6 7 8 9 A B C D E F			
位权	2 的一次方		8 的一次方				10 的一次方					16 的一次方			
形式表示	B		Q				D					H			

二进制与十六进制对照，见表 2-2。

表　2-2

十六进制	0	1	2	3	4	5	6	7
二进制	0000	0001	0010	0011	0100	0101	0110	0111
十六进制	8	9	A	B	C	D	E	F
二进制	1000	1001	1010	1011	1100	1101	1110	1111

2.2 数据类型 BWD 详解

1. 数据类型定义

数据类型用于指定数据元素的大小，以及如何解释数据，用来描述数据的长度（即二进制的位数）和属性。用户程序中的所有数据必须通过数据类型来识别，只有相同数据类型的变量才能进行计算。

2. S7-200 SMART 支持的数据类型

1）1 位布尔型（BOOL）。开关量二进制数的 1 位（BIT）只有 0 和 1 两种不同的取值，可以用来表示开关量（或数字量）的两种不同的状态，如触点的接通与断开，线圈的通电与断电等。

2）8 位字节型（BYTE）。由 8 个开关量组成，8 位二进制数组成一个字节（BYTE），其中第 0 位为最低位、第 7 位为最高位。

3）16 位无符号整数型（WORD）。相邻两个字节组成一个字。

4）32 位有符号双整数型（DINT）。相邻两个字节组成一个双字。

5）浮点数又称为实数（REAL）。标准的浮点数共占用一个双字（32 位），最高位（第 31 位）为浮点数的符号位，最高位为 0 时为正数，为 1 时为负数。

3. 不带符号的整数范围

不带符号的整数范围见表 2-3。

表　2-3

数据类型	数据大小	说明	十进制	十六进制
BOOL	1 位	布尔	0 到 1	
BYTE 字节	8 位	无符号字节	0 到 255	16#0 到 16#FF
WORD 字	16 位	无符号整数	0 到 65535	16#0 到 16#FFFF
DWORD 双字	32 位	无符号双整数	0 到 4294967295	16#FFFFFFFF

4. 带符号的整数范围

带符号的整数范围见表 2-4。

表　2-4

数据类型	数据大小	说明	十进制	十六进制
BYTE 字节	8 位	有符号字节	−128 到 +127	16#80 到 16#7F
WORD 字	16 位	有符号整数	−32768 到 +32767	16#8000 到 16#7FFF
DWORD 双字	32 位	有符号双整数	−2147483648 到 +2147483647	16#8000000 到 16#7FFFFFFF
REAL 实数	32 位	IEEE32 位浮点	正数 +1.175495E−38 至 +3.402823E+38	负数 −1.175495E−38 至 −3.402823E+38

数据类型的字节、字、双字之间的相互转换如图 2-6 所示，位、字节、字、双字的认识，位只有两种状态 0 或者 1，1 字节 =8 位，1 字 =2 字节 =16 位，双字 =2 个字 =32 位。

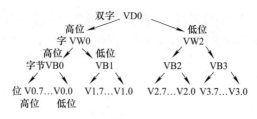

图 2-6

2.3 CPU 存储器数据区划分

内部数据存储区规定如下：

1）V：变量存储区，可以按位、字节、字或双字来存取 V 区数据 VB0 到 VB16383。

2）M：位存储区，可以按位、字节、字或双字来存取 M 区数据 M0.0 到 M31.7。

3）T：定时器存储区，用于时间累计 T0 到 T255。

4）C：计数器存储区，用于累计其输入端脉冲电平由低到高的次数 C0 到 C255。

5）HC：高速计数器，独立于 CPU 的扫描周期对高速事件进行计数，高速计数器的当前值是只读值，仅可作为双字（32 位）来寻址 HC0 到 HC5。

6）AC：累加器，可以像存储器一样使用的读 / 写器件，可以按位、字节、字或双字访问累加器中的数据 AC0 到 AC3。

7）SM：特殊存储器，提供了在 CPU 和用户程序之间传递信息的一种方法。可以使用这些位来选择和控制 CPU 的某些特殊功能，可以按位、字节、字或双字访问 SM 位，SM0.0 到 SM1535.7，SM0.0 到 SM29.7，SM1000.0 到 SM1535.7。

8）L：局部存储区，用于向子例程传递形式参数 LB0 到 LB63。

9）S：顺序控制继电器，用于将机器或步骤组织到等效的程序段中，实现控制程序的逻辑分段，可以按位、字节、字或双字访问 S 存储器 S0.0 到 S31.7。

2.4 数据运算、数学功能、递增、递减

整数包括正整数、负整数和零。整数用 INT 表示，双整数用 DINT 表示，整数运算包括 ADD 加、SUB 减、MUL 乘、DIV 除法、INC 递增自加 1、DEC 递减自减 1。

1）ADD_I：ADD 加法，INT 整数 16 位，整数相加得整数，16 位的整数加上 16 位的整数得到一个 16 位的整数结果。操作范围：-32768 到 32767，如图 2-7 所示，注意两数相加结果不能大于 32767（如果超出范围 ENO 无输出），IN1 和 IN2 可以是常数，也可以是变量地址，OUT 端必须是一个地址。

ADD_I 整数加法，输入和输出都是整数，VW0+VW2=VW4，ADD_DI 双整数加法，输入和输出都是双整数，VD10+VD14=VD18。

2）SUB_I：整数相减得整数，16 位的整数减去一个 16 位的整数，得到一个 16 位的整

数结果，操作范围：-32768 到 32767，注意两数相减结果不能小于 -32768（如果超出范围 ENO 无输出），IN1 和 IN2 可以是常数，也可以是变量（地址），OUT 端必须是一个地址（寄存器），如图 2-8 所示。

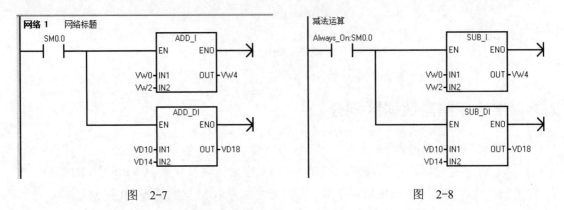

图 2-7　　　　　　　　　　　　　　　　图 2-8

ADD_I 整数减法，输入和输出都是整数，VW0-VW2=VW4，ADD_DI 双整数减法，输入和出都是双整数，VD10-VD14=VD18。

3）MUL 乘法：整数相乘得双整数，输入是整数，输出是双整数，MUL_I 整数相乘得整数，输入输出都是整数，MUL_DI 双整数相乘得双整数，输入输出都是双整数，如图 2-9 所示。

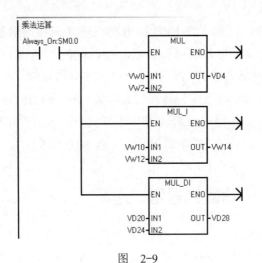

图　2-9

4）DIV 除法：整数相除得商和余数，VW0÷VW2=VD4，其中 VD4 分为高位 VW4（余数）和低位 VW6（商）。DIV_I：整数相除，结果是整数保留商舍去余数，DIV_DI：双整数相除，结果是双整数。保留商，舍去余数如图 2-10 所示。

5）INC 递增指令：对输入值 IN 加 1 并将结果输入 OUT 中，如图 2-11 所示，字节递增（INC_B）运算为无符号运算，字递增（INC_W）运算为有符号运算，双字递增（INC_DW）运算为有符号运算。

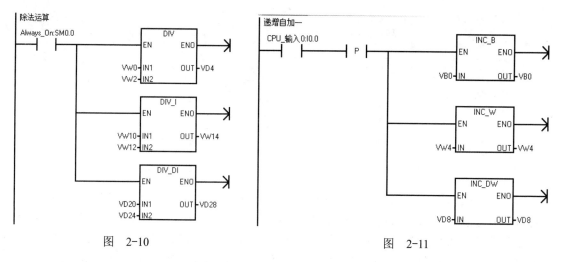

图 2-10 图 2-11

用法：I0.0 每闭合一次，VB0 里面的内容自动加 1，此条指令必须配合上升沿或者下降沿使用，如果没有边沿指令，VB0 是按照扫描周期加 1 的，当 I0.0 闭合一次，可能会执行好多次。

6）DEC 递减指令：将输入值 IN 减 1，并在 OUT 中输出结果，如图 2-12 所示。字节递减（DEC_B）运算为无符号运算，字递减（DEC_W）运算为有符号运算，双字递减（DEC_D）运算为有符号运算。

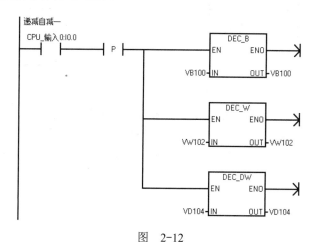

图 2-12

用法：I0.0 每闭合一次，VB100 里面的内容自动减 1，此条指令必须配合上升沿或者下降沿使用，如果没有边沿指令，VB100 是按照扫描周期加 1 的，当 I0.0 闭合一次，可能会执行好多次。

7）单个数据传送指令：移动指令也叫传送指令，如图 2-13 所示，用于将输入的数据 IN 传送给输出 OUT 且不改变原数据。

8）字节块传送、字块传送、双字块传送指令：将已分配数据值块从源存储单元起始地址 IN 和连续地址传送到新存储单元起始地址 OUT 和连续地址，参数 N 分配要传送的字节、字或双字数，如图 2-14 所示。存储在源单元的数据值块不变，N 取值范围是 1 到 255。

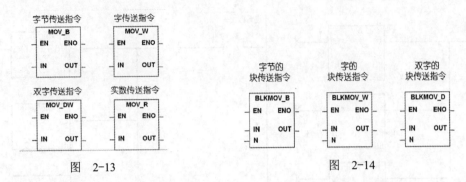

图 2-13　　　　　　　　　　　图 2-14

9）传送是把输入的状态复制到输出里面，如图 2-15 所示，EN 使能 ENO 使能输出，可以往后串联其他指令，IN 输入端可以是 IB、QB、VB、MB、SMB、SB、LB、AC 以及各种进制的常数 255 以内，OUT 输出可以是 IB、QB、VB、MB、SMB、SB、LB、AC 等，把 I0.0 到 I0.7 的状态分别给 Q0.0 到 Q0.7，任何一个 I 点闭合，则对应的 Q 点得电。

10）字节块传送起始地址 IN 和连续地址传送到新存储单元起始地址 OUT 和连续地址（图 2-16），参数 N 分配要传送的字节、字或双字数，存储在源单元的数据值块不变，N 取值范围是 1 到 255，表示当 I0.0=1 时，VB14、VB13、VB12、VB11、VB10 里面的内容分别传送到 VB104、VB103、VB102、VB101、VB100。

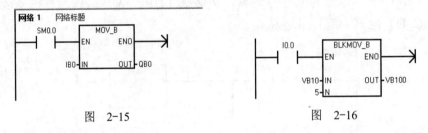

图 2-15　　　　　　　　　　　图 2-16

11）字节交换指令，用来交换输入参数 IN 指定的数据类型为 WORD 的高字节与低字节，如图 2-17 所示。该指令采用脉冲执行方式，否则每个扫描周期都会交换一次，当 I0.0=1 时，VB0 和 VB1 里面的内容互换，因为 VB0 和 VB1 组成一个字 VW0，I0.0 每一个上升沿，就会交换一次。

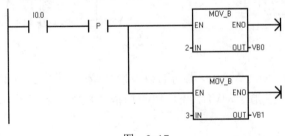

图 2-17

12）比较指令（图 2-18），是将两个操作数按照指定的条件进行比较，当比较条件成立时，其触点闭合，后面的电路接通，当比较条件不成立时，比较触点断开，后面的电路不接通。比较分字节比较、整数比较、双整数比较、实数比较、字符串比较。不管是哪种类型的比较，都有六种，等于、不等于、大于等于、小于等于、大于、小于，字符串比较不常用。

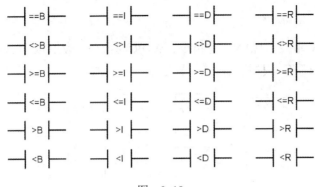

图　2-18

2.5　数据转换

编程时，当实际的数据类型与需要的数据类型不符时，就需要对数据类型进行转换，数据转换指令就是完成这类任务的指令，如图 2-19 所示，注意字节、整数、双整数、实数四者之间相互转换时，不要超过范围比，如 B_I 转换时，不要超过字节的最大值 255。

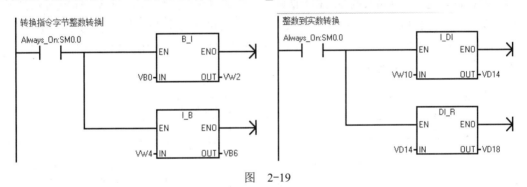

图　2-19

取整可以通过，ROUND 四舍五入和 TRUNC 舍去小数两条指令，如图 2-20 所示，ROUND 四舍五入将 32 位实数值 IN 转换为双精度整数值，并将取整后的结果存入分配给 OUT 的地址中，如果小数部分大于或等于 0.5，该实数值将进位操作。TRUNC 舍去小数，将 32 位实数值 IN 转换为双精度整数值，并将结果存入分配给 OUT 的地址中，只有转换了实数的整数部分之后，才会丢弃小数部分。

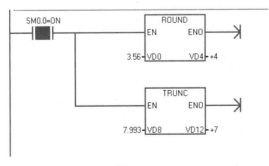

图　2-20

2.6 逻辑运算

逻辑运算有 INV 取反、WAND 与指令、WOR 或指令、WXOR 异或指令，如图 2-21 所示。每一种逻辑指令都有三种数据格式，即字节、字、双字。

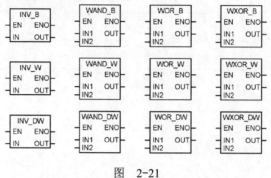

图　2-21

1）INV 取反、字节取反、字取反、双字取反，用法相同。以字节取反为例，如图 2-22 所示，每次操作 I0.0，VB0 里面的每一位 V0.0 到 V0.7 的状态变化一次，由 0 变 1 或者由 1 变 0。

2）WAND 与运算，将输入端 IN1 和 IN2 两个操作数对应位执行"与"运算，输出到 OUT 里，如图 2-23 所示，按下 I0.0，则 VB0 里面的数与 VB1 里面的数进行与运算，结果放到 VB2 里面，口诀：有零出零，全 1 出 1，相当于串联，若 VB0=2#1111 0000，VB1=2#1010 0101，则执行完与指令之后，VB2=2#1010 0000，相当于串联电路。

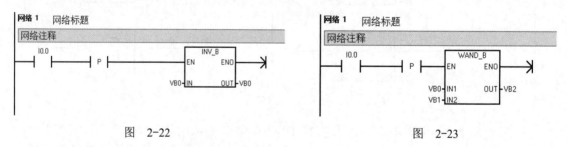

图　2-22　　　　　　　　　　　　　　　　　图　2-23

3）WOR 或运算，将输入端 IN1 和 IN2 两个操作数对应位执行"或"运算输出到 OUT 里，如图 2-24 所示，VB0=2#1010，VB1=2#1100，则或运算后，VB2=2#1110。口诀：有 1 出 1，全 0 为 0，相当于并联电路。

4）WXOR 异或运算，将输入端 IN1 和 IN2 两个操作数对应位执行"异或"运算输出到 OUT 里，如图 2-25 所示，VB0=2#1010，VB1=2#1100，则异或运算后，VB2=2#0110。口诀：相同为 0，相异为 1。

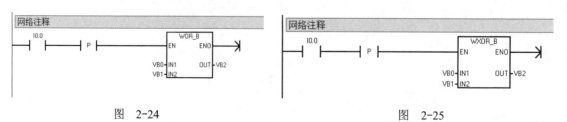

图　2-24　　　　　　　　　　　　　　　　　图　2-25

2.7　时钟指令

读实时时钟，是从硬件时钟中读取当前的时间和日期，并把它存储到连续 8 个字节（字节单位符号为 B）中，如图 2-26 所示。分别为年 VB0、月 VB1、日 VB2、时 VB3、分 VB4、秒 VB5、空 VB6、星期 VB7。

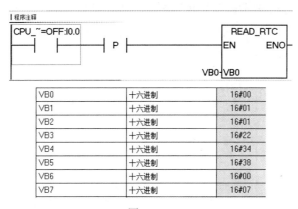

图　2-26

设置实时时钟，是将当前时间和日期，写入硬件时钟，使用这两条指令的时候，必须切换为十六进制的形式，如图 2-27 所示。当想给 VB0 到 VB7 写入时间，按 I0.0 执行时，我们打开 PLC，设置时钟选项，可以看到如图 2-27 所示，PLC 的时间已经被设定为所写入的时间。

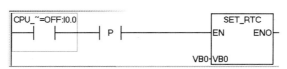

图　2-27

时间格式对照见表 2-5。

表　2-5

表示	VB0	VB1	VB2	VB3	VB4	VB5	VB6	VB7
表示	年	月	日	时	分	秒	0	星期
周日		周一		周二	周三	周四	周五	周六
1		2		3	4	5	6	7

2.8 功能指令在案例中的使用 1

功能指令属于技巧性指令，在实际编程时，基本指令和功能指令都可以满足工艺要求，但是功能指令应用相对比较简单，程序结构比较清晰。

1）利用比较指令和计数器编写单按钮起停，如图 2-28 所示，符号表自定义。

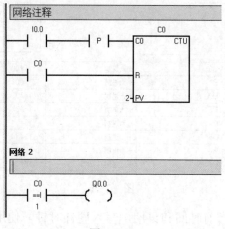

图 2-28

2）利用传送指令编写正反转，如图 2-29 所示，符号表自定义。

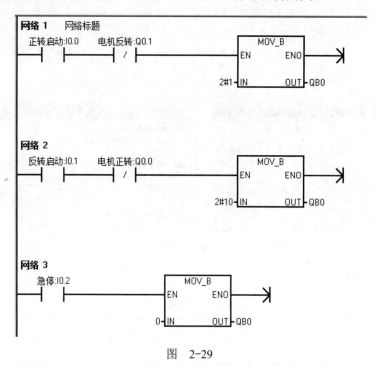

图 2-29

3）利用传送和比较指令编写流水灯，如图 2-30 所示，符号表自定义。

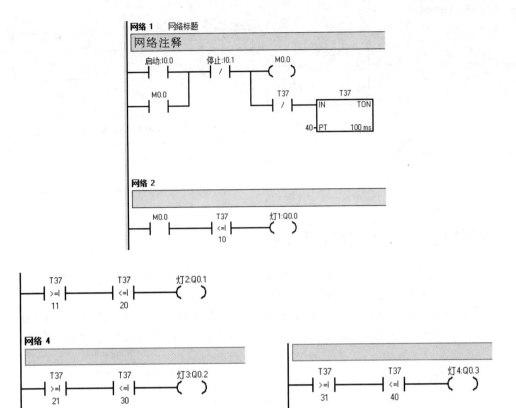

图　2-30

4）已知长和宽，求长方形的周长，如图 2-31 所示。

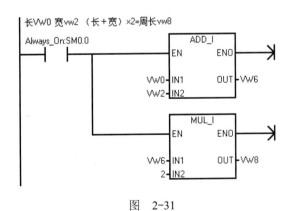

图　2-31

5）异或指令单按钮起停，如图 2-32 所示。

6）取反指令单按钮起停，如图 2-33 所示。

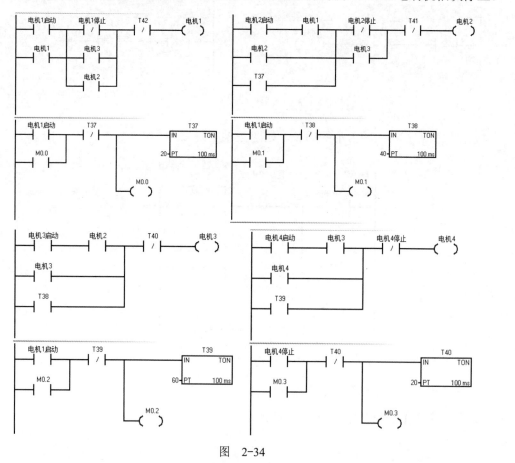

图 2-32　　　　　　　　　　　　图 2-33

2.9　功能指令在案例中的使用 2

虽然功能指令应用相对比较简单，其程序结构比较清晰，但是对于逻辑相对比较复杂的程序，基本指令还是比较容易操作控制的。

1）4 台电动机顺起逆停，如图 2-34 所示，把顺起逆停改为全自动式起动，A、B、C、D 依次间隔 2s 起动，D 电动机起动 2s 后又自动开始按倒着顺序 DCBA 电动机依次停止。

图　2-34

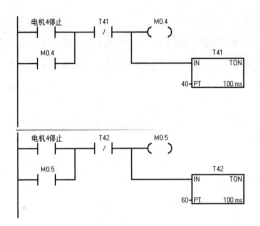

图　2-34（续）

2）抢答器程序，如图 2-35 所示，主持人按下起动，1#、2#、3#、4# 可以开始抢答，谁先抢到，就显示谁的数字，比如，2# 抢到，则显示 2，其他三个人无效，主持人复位后，再次起动，可以重新开始抢答。

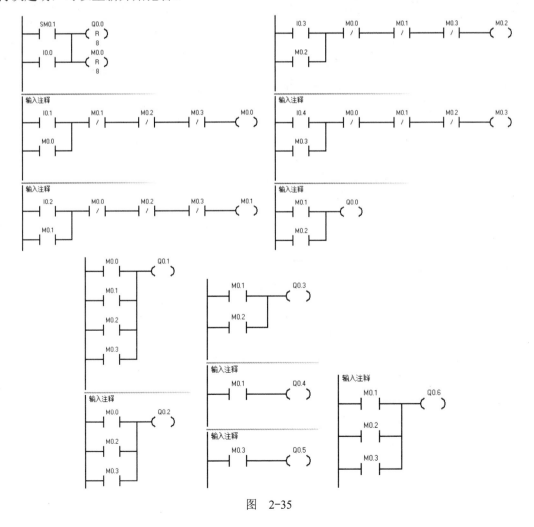

图　2-35

3）全自动洗衣机：起动，开始进水，2s 后到达高水位，并开始正转 2s 停 2s，反转 2s 停 2s，如此小循环 3 次，开始排水，5s 后到达低水位，并开始甩，2s 后完成一次大循环，然后重新进水……这样大循环 3 次后，报警 2s 结束，按 I0.1 随时停止（符号表自行定义），如图 2-36 所示。

进水	Q0.0	停止	I0.1
正转	Q0.1	进水定时	T37
反转	Q0.2	正转定时	T38
排水	Q0.3	停止定时	T39
最高水位	Q0.4	反转定时	T40
最低水位	Q0.5	排水定时	T42
甩干	Q0.6	报警定时	T44
报警	Q0.7	甩干定时	T43
启动	I0.0	小循环计数器	C0
停止	I0.1	大循环计数器	C1

图 2-36

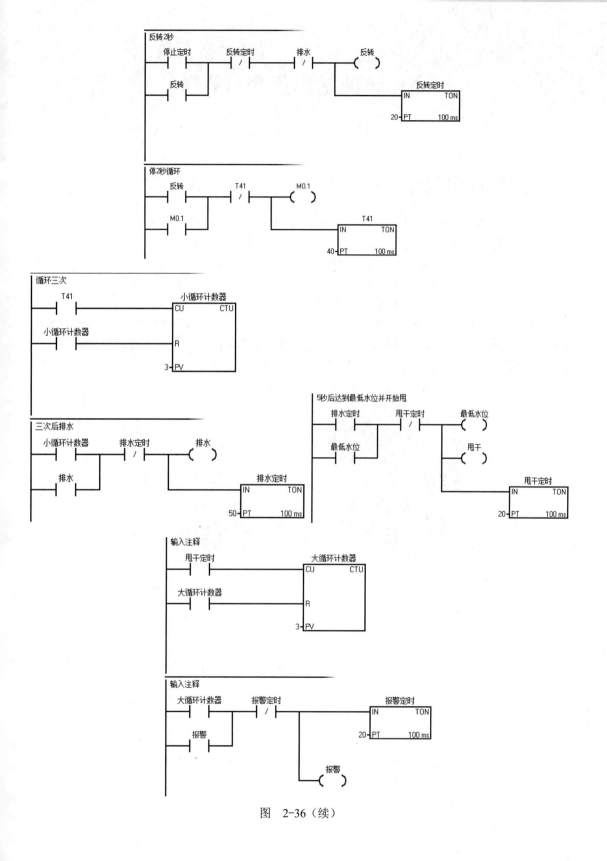

图 2-36（续）

第3章 高速脉冲输出指令（PTO）

3.1 步进电动机简介

步进电动机相对于普通电动机来说具有更精确的定位功能。工作原理：脉冲型控制器PLC，或者可以发出脉冲信号的元器件，或设备发出脉冲信号输出给驱动器，驱动器做出相应动作，控制电动机圆周、线性、角位移和线位移。步进电动机如图3-1所示，步进电动机的相数是指电动机内部的线圈组数，目前常用的有二相、三相、四相、五相步进电动机，电动机相数不同，步距角也不同，一般二相电动机的步距角位 0.9°/1.8°、三相的为0.75°/1.5°、五相的为 0.36°/0.72°，在没有细分驱动器时，用户主要靠选择不同相数的步进电动机来满足自己步距角的要求。如果使用细分驱动器则"相数"将变得没有意义，用户只需要在驱动器上改变细分数就可以改变步距角。

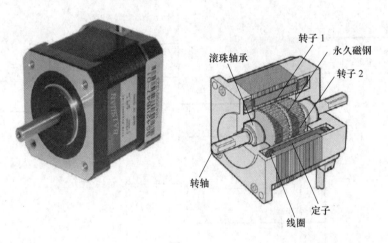

图 3-1

步进驱动器如图3-2所示，可以根据驱动器上细分设定参照表来确定步进电动机一圈所需要的脉冲数量。而通过驱动器电流设定，我们可以来调整电动机的静态或动态电流，电流的调整主要是根据电动机额定电流来做调整，细分和电流调整具体数值可以通过调整拨码开关状态来确定细分和电流。

如果步距角为 1.8°，一个脉冲电动机所转的角度为 360°÷1.8=200，200 个脉冲电动机走一圈，电动机转一圈螺杆走的距离 A 叫作导程，电动机转一圈如果需要 200 个脉冲，一圈电动机丝杆走 8mm，发 2000 个脉冲，步进电动机走 2000÷200×8=80mm，这时候我们可以根据步进驱动器细分来确定电动机一圈需要的脉冲数，假如 8 细分，也就是 1600 个脉冲转一圈，4 细分就是 800 个脉冲转一圈，来实现定位。

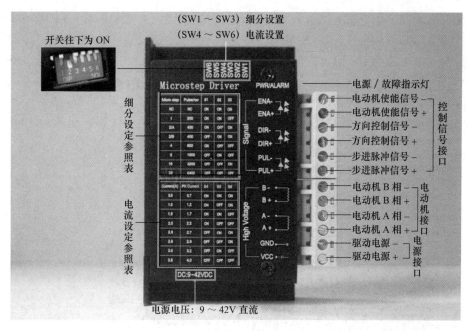

图　3-2

3.2　PLC 选型及接线

　　S7-200 SMART 的 PLC 输出类型分为继电器 SR 和晶体管 ST，只有晶体管类型的 PLC 带高速脉冲输出。ST20 支持两路高速脉冲，Q0.0/Q0.1 方向除脉冲口以外任意 Q 点，如果高速脉冲口没有被激活也可以作为方向，ST30 支持三路高速脉冲，如图 3-3 所示，Q0.0/Q0.1/Q0.3 方向除脉冲口以外任意 Q 点，如果高速脉冲口没有被激活也可以作为方向，比如控制一台步进电动机，脉冲可以选择 Q0.0/Q0.1/Q0.3 任意一个口进行发脉冲，当选择 Q0.0 时，那么 Q0.1/Q0.3 就处于未被激活状态，这样 Q0.1/Q0.3 就可以作为方向。

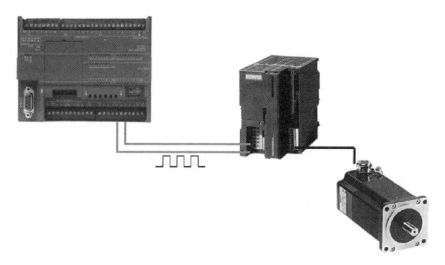

图　3-3

以雷塞驱动器为例，如图 3-4 所示，驱动器脉冲正 PUL+ 接 Q0.0，如果驱动器接收信号为 5V 电压，PLC 输出需要串 2K 的电阻分压，驱动器方向正 DIR+ 接 Q0.2，如果驱动器接收信号为 5V 电压，PLC 输出需要串 2K 的电阻分压，脉冲负 PUL- 和方向负 DIR- 接输出端 1M，ENA+5V 和 ENA 这两个端子用于使能 / 禁止，高电平使能，悬空即可。VCC 接直流电源正极，18 ～ 75V 均可，GND 接直流电源负极，步进电动机四根线，两相绕组，A+A-B+B-，只需要用万用表测量一下，谁和谁一个线圈，然后接到驱动器上即可，A+A-互换（或者 B+B-），可以调节电动机转向，如图 3-4 所示。

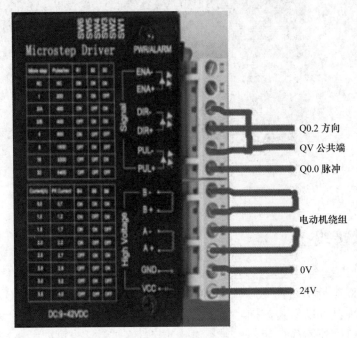

图 3-4

3.3 步进电动机功能表

介绍步进电动机功能表之前有几个术语需要掌握。

1）步距角：每输入一个脉冲信号时，电动机转子转过的角度称为步距角，步距角的大小可以直接影响电动机的运行精度。

2）周期：发一个脉冲需要的时间。

3）频率：1s 发的脉冲个数。

4）更新周期值：若设定不更新，周期值无效，电动机不转。

5）更新脉冲数：若设定不更新，脉冲值无效，电动机会一直转。

6）时间基准值：一般用 μs。

7）单段：表示电动机以一个速度运行。

8）多段：表示电动机可以变速，比如：加速 - 匀速 - 减速。

ST30 CPU 具有三个高速脉冲 PTO 输出：PLS0、PLS1 和 PLS2。PLS0 分配给了数字输出端 Q0.0，PLS1 分配给了数字输出端 Q0.1，PLS2 分配给了数字输出端 Q0.3，指定的特殊存储器（SM）单元用于存储每个发生器的以下数据：一个PTO状态字节（8位值）见表3-1、一个控制字节（8位值）见表3-2、一个周期时间或频率（16位无符号值）、一个脉冲宽度值（16位无符号值）以及一个脉冲计数值（32位无符号值）见表3-3。

表　3-1

Q0.0	Q0.1	Q0.3			
SM66.4	SM67.4	SM566.4	PTO 增量计算错误（因添加错误导致）	0= 无错误	1= 因错误而中止
SM66.5	SM76.5	SM566.5	PTO 包络被禁用（因用户指令导致）	0= 非手动禁用的包络	1= 用户禁用的包络
SM66.6	SM76.6	SM566.6	PTO/PWM 管道溢出/下溢	0= 无溢出/下溢	1= 溢出/下溢
SM66.7	SM76.7	SM366.7	PTO 空闲	0= 进行中	1=PTO 空闲

表　3-2

Q0.0	Q0.1	Q0.3			
SM67.0	SM77.0	SM567.0	PTO/PWM 更新频率/周期时间	0= 不更新	1= 更新频率/周期时间
SM67.1	SM77.1	SM567.1	PWM 更新脉冲宽度时间	0= 不更新	1= 更新脉冲宽度
SM67.2	SM77.2	SM567.2	PTO 更新脉冲计数值	0= 不更新	1= 更新脉冲计数
SM67.3	SM77.3	SM567.3	PWM 时基	0=1μs/ 时标	1=1ms/ 刻度
SM67.4	SM77.4	SM567.4	保留		
SM67.5	SM77.5	SM567.5	PTO 单/多段操作	0= 单段	1= 多段
SM67.6	SM77.6	SM567.6	PTO/PWM 模式选择	0=PWM	1=PTO
SM67.7	SM77.7	SM567.7	PTO/PWM 使能	0= 禁用	1= 启用

表　3-3

Q0.0	Q0.1	Q0.3	
SMW68	SMW78	SMW568	PTO 频率或 PWM 周期时间值：1 到 65535Hz（PTO），2 到 65535（PWM）
SMW70	SMW80	SMW570	PWM 脉冲宽度值：0 到 65535
SMD72	SMD82	SMD572	PTO 脉冲计数值：1 到 2147483647
SMB166	SMB176	SMB576	进行中段的编号：仅限多段 PTO 操作
SMW168	SMW178	SMW578	包络表的起始单元（相对 V0 的字节偏移：仅限多段 PTO 操作）

在选择状态字或者控制字节时，首先要确定自己的脉冲口用的是哪个口。以Q0.0为例，控制字节为SMB67，一个字节包括八个位，可以分别写出这八个位的数值，见表3-3，用二进制形式表示SMB67=2#1100 0000，第一个1就表示SM67.7，第二个1表示步进电动机的控制方式，PTO表示脉冲加方向的控制方式，PWM是脉宽不可以控制，第三个1表示，步进电动机运动是一个速度运动，还是多个速度运动，其余的位，只要选择是否更新，全部更新即可，其余两个口的选择都是要根据这个表来选择。

3.4　步进电动机单/多段速控制

1. 步进电动机的单段控制

步进电动机的单段控制步骤主要分四步，具体的操作程序如图3-5所示。

1）定义步进电动机的控制字节 SMB67。
2）定义步进电动机的频率 SMW68。
3）定义步进电动机的脉冲数 SMD72。
4）用按钮加沿指令触发 PLS 指令。

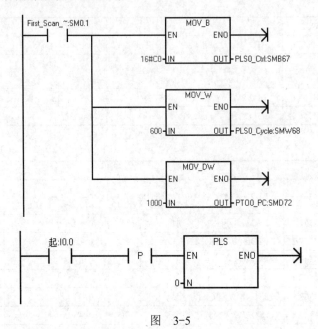

图 3-5

步进电动机方向和急停，Q0.2 作为方向，Q0.2 得电一个方向，失电一个方向。步进电动机的急停用特殊的寄存器 SM67.7，因为 SM67.7 是禁用/启用脉冲输出，当按下停止按钮时，首先要复位 SM67.7，一定要同时触发 PLS 指令，才可以在一个周期下停止，下次启用时候必须要重新定义控制字节，如图 3-6 所示，注意：在停止的时候 I0.1 后面不能加沿来停止，否则要想让电动机停止，I0.1 必须触发两次才可以停止电动机。

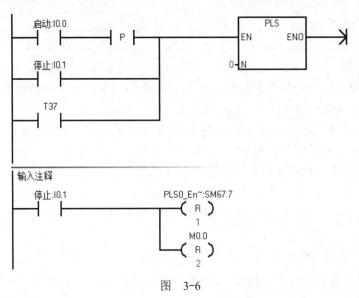

图 3-6

SM66.7 是状态寄存器，意思是显示步进电动机现在的状态，进行中或者空闲的状态，当步进电动机处于工作状态时，SM66.7 的状态是 "0"，当步进电动机的状态是非工作状态时，SM66.7 的状态是 "1"，如图 3-7 所示。

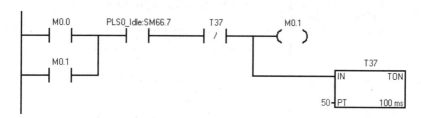

图　3-7

2. 多段管线

多段管线即多段速，在变量存储区 V 建立一个包络表，见表 3-4，包络表中存储各个脉冲串的参数，相当于有多个脉冲串的入口，比如电动机在执行加速、匀速、减速 3 个速度时，称之为三段速，在实际应用中，电动机段数量是根据现场工艺来确定。

多段速时，S7-200 SMART 从 V 存储器的包络表中自动读取每个脉冲串段的特性，该模式中使用的 SM 单元为控制字节、状态字节和包络表的起始 V 存储器（SMW168、SMW178 或 SMW578 的偏移量）。执行 PLS 指令将启动多段操作，每段条目长 12 个字节，由 32 位起始频率、32 位结束频率和 32 位脉冲计数值组成。表 3-4 给出了 V 存储器中组态的包络表的格式。通俗点讲也就是定义一个起始地址，假如定义 300，那么段数量就是 VB300，起始频率 VD301、结束频率 VD304，依此类推。假如定义 0，那么段数量就是 VB0，起始频率 VD1，结束频率就是 VD5，依此类推。

表　3-4

字节偏移量	段	表格条目的描述
0		段数量：1 到 255
1	#1	起始频率（1 到 100000Hz）
5		结束频率（1 到 100000Hz）
9		脉冲计数（1 到 2147483647）
13	#2	起始频率（1 到 100000Hz）
17		结束频率（1 到 100000Hz）
21		脉冲计数（1 到 2147483647）
（依此类推）	#3	（依此类推）

3. 步进电动机多段速度操作

以三段速为例程序，首先定义多段速的控制字节和包络表的起始地址和段数，如图 3-8 所示。

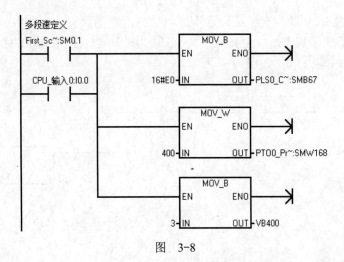

图 3-8

SMB67 为多段速控制字节，SMW168 为包络表的起始地址，3 表示 3 段速，VB400 里面 3 表示要走三段速，一个字节最大 255，VD401 表示第一段速要走的起始频率，VD405 表示第一段速结束的频率，VD409 表示第一段速需要的脉冲数，见表 3-5，三段速程序格式以此类推，如图 3-9 所示。

表　3-5

字节偏移量	段	表格条目的描述
0		段数量：1 到 255
1	#1	起始频率（1 到 100000Hz）
5		结束频率（1 到 100000Hz）
9		脉冲计数（1 到 2147483647）
13	#2	起始频率（1 到 100000Hz）
17		结束频率（1 到 100000Hz）
21		脉冲计数（1 到 2147483647）
（依此类推）	#3	（依此类推）

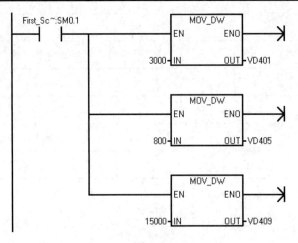

图　3-9

3.5　高速脉冲在案例中的使用 1

可以根据 S7-200 SMART PLC 支持三路高速脉冲的特性，对步进电动机进行简单的控制。

1）按下起动按钮，步进电动机以 600 的频率走 1000 个脉冲，脉冲发完停止，如图 3-10 所示，符号表自定义。

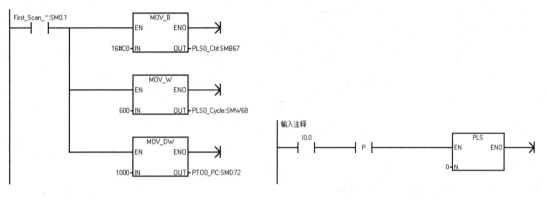

图　3-10

2）按起动 I0.0，电动机一直走，按 I0.1，电动机反向如图 3-11 所示，符号自定义，需要注意电动机反向信号为 Q0.2，当 Q0.2 得电时为一个方向，失电时为一个方向。

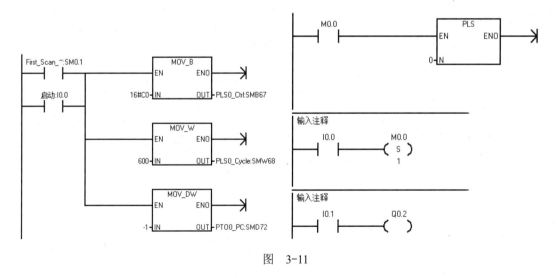

图　3-11

3.6　高速脉冲在案例中的使用 2

高速脉冲输出、急停、正反向限位开关、多段速，以及特殊状态寄存器在实际工程中的应用。

1）按 I0.0，电动机在 AB 两点之间往返，按 I0.1，立刻停止，可以再次起动，A 点限位 I1.0，B 点限位 I1.1，如图 3-12 所示。

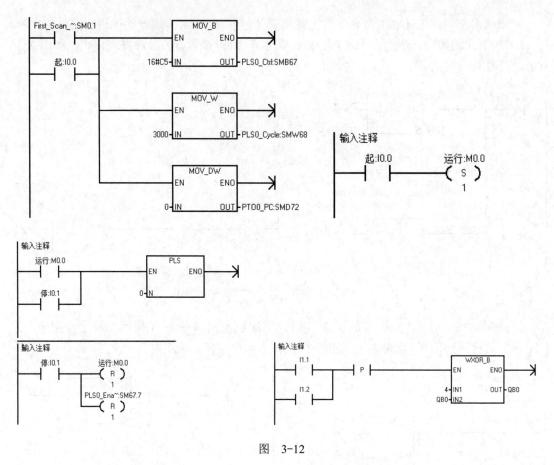

图 3-12

2）按起动，电动机正转 1000 脉冲，停 5s，反转 1000 脉冲，停 5s，然后再正转，如此循环，按停止，立刻停止，如图 3-13 所示，符号表自行定义。

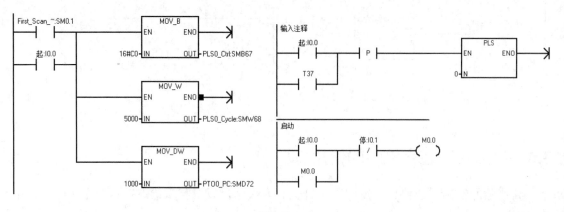

图 3-13

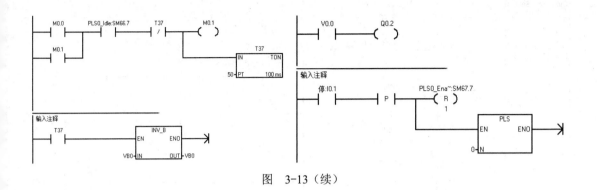

图　3-13（续）

3）四段速，限位开关自动反向加急停，如图 3-14 所示。

4）正转 3000 个脉冲，停 5s，反转 3000 个脉冲，停 5s，然后再正转，如此循环，如图 3-15 所示。

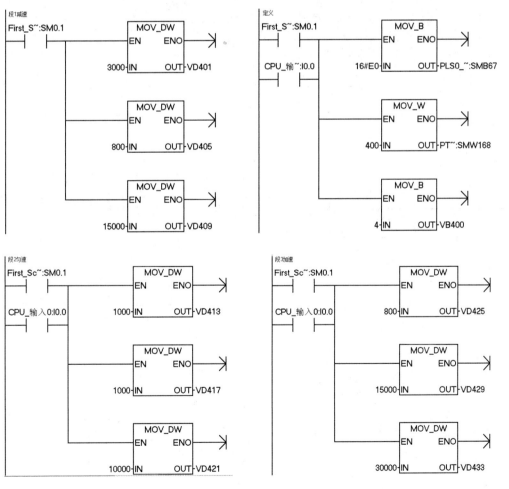

图　3-14

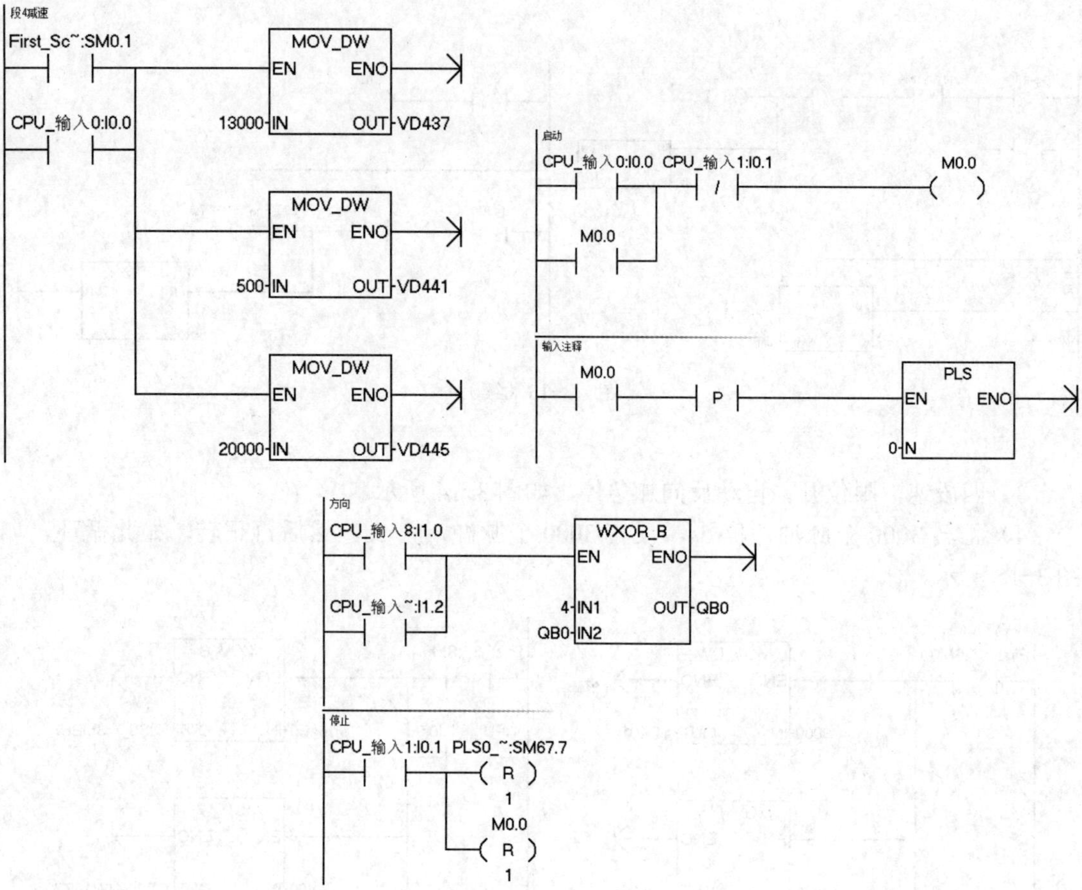

段4减速
First_Sc~:SM0.1

CPU_输入 0:I0.0

MOV_DW
EN   ENO
13000-IN OUT-VD437

启动
CPU_输入 0:I0.0 CPU_输入1:I0.1   M0.0
                                        ( )

M0.0

MOV_DW
EN   ENO
500-IN OUT-VD441

MOV_DW
EN   ENO
20000-IN OUT-VD445

输入注释
M0.0   P   PLS
                                 EN ENO
                              0-N

方向
CPU_输入 8:I1.0

CPU_输入~:I1.2

WXOR_B
EN   ENO
4-IN1 OUT-QB0
QB0-IN2

停止
CPU_输入1:I0.1 PLS0_~:SM67.7
               (R)
                 1
               M0.0
               (R)
                 1

图 3-14（续）

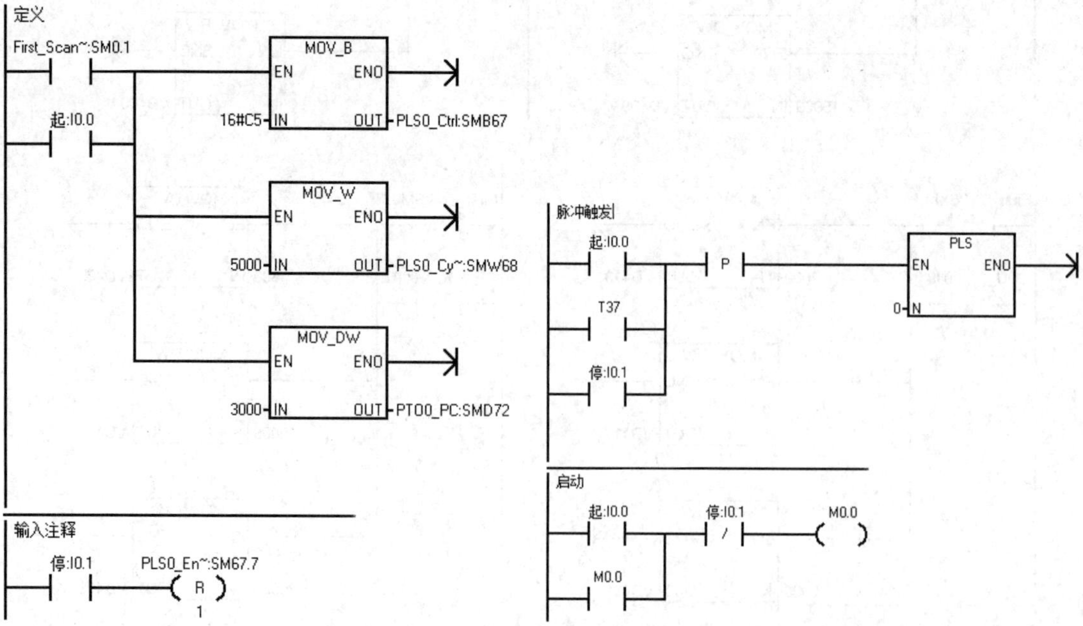

定义
First_Scan~:SM0.1

起:I0.0

MOV_B
EN   ENO
16#C5-IN OUT-PLS0_Ctrl:SMB67

MOV_W
EN   ENO
5000-IN OUT-PLS0_Cy~:SMW68

MOV_DW
EN   ENO
3000-IN OUT-PT00_PC:SMD72

脉冲触发
起:I0.0   P   PLS
                                 EN ENO
T37   0-N

停:I0.1

启动
起:I0.0 停:I0.1 M0.0
                  ( )
M0.0

输入注释
停:I0.1 PLS0_En~:SM67.7
         (R)
           1

图 3-15

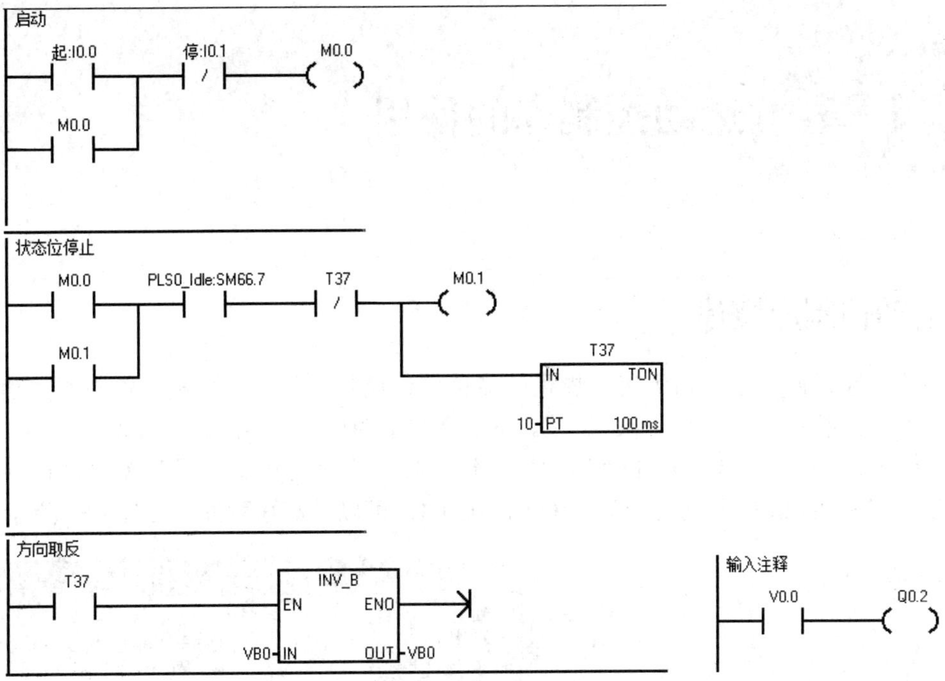

启动

```
起:I0.0      停:I0.1        M0.0
  ┤├          ┤/├           ( )

  M0.0
  ┤├
```

状态位停止

```
M0.0   PLS0_Idle:SM66.7   T37        M0.1
┤├          ┤├           ┤/├         ( )

M0.1                                        ┌──────────┐
┤├                                          │ T37      │
                                            │IN    TON │
                                         10─┤PT        │
                                            │   100 ms │
                                            └──────────┘
```

方向取反

```
T37          ┌──────────┐              输入注释
┤├           │  INV_B   │               V0.0        Q0.2
             │EN    ENO │──►            ┤├          ( )
        VB0─┤IN   OUT ├─VB0
             └──────────┘
```

图 3-15（续）

第4章 运动控制库的使用

4.1 运动控制库概述

运动控制库是西门子公司为用户提供的多种允许控制、监视和测试位置操作的功能，从而简化了对应用程序运动控制库的测试。下面介绍运动控制向导的具体设置。

1）单击"工具"菜单，单击"运动"图标，打开"运动控制向导"窗口，选择要控制的轴数，ST30 的 PLC 分别为 Q0.0、Q0.1、Q0.3，可以发高速脉冲，如图 4-1 所示。

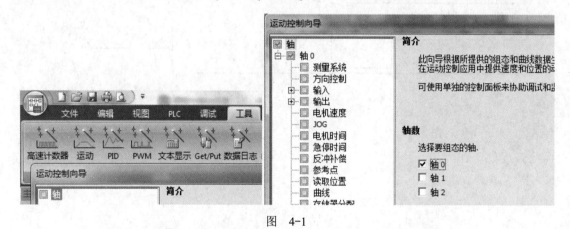

图 4-1

2）对选择的轴进行重命名，如图 4-2 所示。

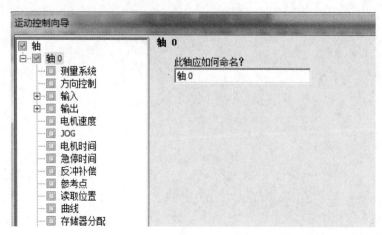

图 4-2

3）运动控制测量系统的选择，如图 4-3 所示。选择"测量系统"为"工程单位"，

56

电动机一次旋转所需要的脉冲数设为，1600 个脉冲数；测量的基本单位根据实际情况来设定；电动机一次旋转产生多少厘米（cm）运动输入"0.4"，即电动机转一圈，螺杆走的距离为 0.4cm，也就是螺距导程。

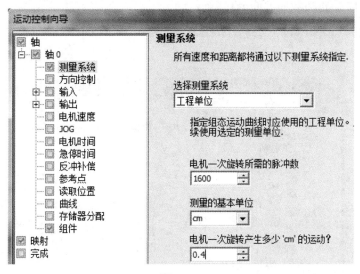

图　4-3

如果选择"相对脉冲数"，则以下内容适用整个向导中的所有速度，均以脉冲数 /s 为单位表示，整个向导中的所有距离均用脉冲数为单位表示，此向导窗口中的后续参数（"电机一次旋转所需的脉冲数""测量的基本单位"和"电机一次旋转产生多少'cm'的运动？"）将因不适用而不显示。

4）电动机方向控制，单相（2 输出）：如果选择"单相（2 输出）"选项，则一个输出（P0）控制脉动，一个输出（P1）控制方向。如果脉冲处于正向，则 P1 为高电平（激活）。如果脉冲处于负向，则 P1 为低电平，如图 4-4 所示。

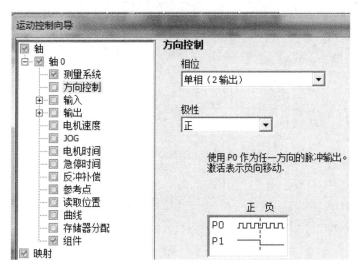

图　4-4

双相（2 输出）：如果选择"双相（2 输出）"选项，则一个输出（P0）脉冲针对正向，另一个输出脉冲针对负向。AB 正交相（2 输出）：如果选择"AB 正交相（2 输出）"选项，则两个输出均以指定速度产生脉冲，但相位差 90°，而步进电动机、伺服电动机正常控制方式都是图 4-4 所示的脉冲加方向的控制方式。

5）步进电动机正向限位的选择，组态输入和输出引脚分配，LMT+ 正向限位如图 4-5 所示。

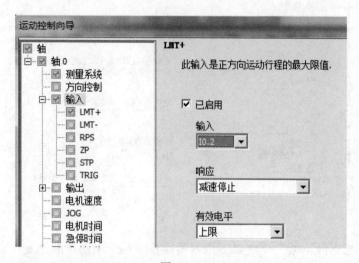

图　4-5

组态 I0.2 为 LMT+ 限位开关有效电平上限，也就是高电平有效。需要注意，<u>在外围接线时，运动控制向导开关按照分配的点接入。</u>

6）步进电动机负向限位的选择，组态输入和输出引脚分配，LMT– 负向限位如图 4-6 所示。

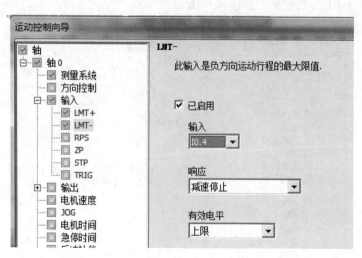

图　4-6

7）RPS 定义参考点，分配原点位置或零点位置，如图 4-7 所示。

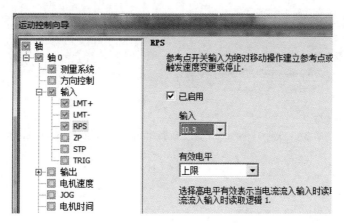

图　4-7

8）配置零脉冲 ZP（可选），在"ZP"窗口中，可定义 ZP 输入分配给哪个 HSC 和输入引脚。零脉冲（ZP）输入，有助于建立参考点查找（RPS）命令以及模式 3 和 4 所用参考点或原点位置，通常每转一圈，电动机驱动器 / 放大器就会产生一个 ZP 脉冲，如图 4-8 所示。

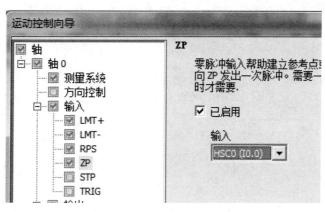

图　4-8

9）STP 立即停止脉冲，也就是急停开关，"响应"选择"立即停止"，如图 4-9 所示。

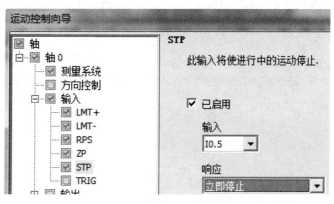

图　4-9

10）定义电动机的速度，如图 4-10 所示，电动机最大最小速度根据工程单位来确定。

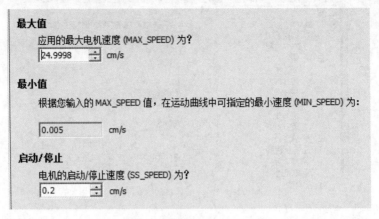

图 4-10

11）定义点动参数，如图 4-11 所示，"增量"是在手自动时如果按下点动按钮时间大于 0.5s，按 1cm 的速度执行。

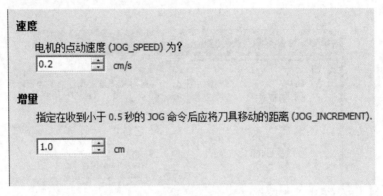

图 4-11

12）加减速时间，如图 4-12 所示，根据实际情况填写。

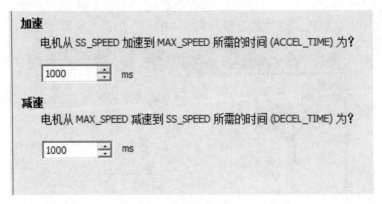

图 4-12

13）运动控制库参考点选择，如图 4-13 所示，切记启用。

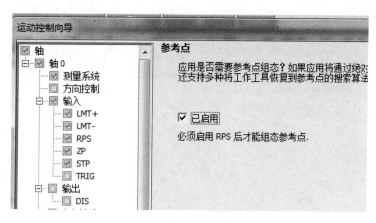

图　4-13

14）定义回参考点的速度，如图 4-14 所示，根据实际情况来确定。

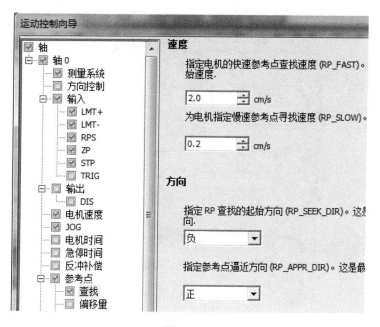

图　4-14

15）运动控制曲线设定。S7-200 SMART 支持最多 32 组移动曲线，运动控制向导提供移动曲线定义，可以为应用程序定义移动曲线，运动控制向导中可以为每个移动曲线定义一个符号名，其做法是在定义曲线时输入一个符号名即可。所谓曲线也就是多段速的设定，如图 4-15 所示。在设定运动控制库曲线的时候，记得一条曲线必须同一个方向，图 4-16 所示第一段和第二段方向一致，而第三段改变了方向，这是因为位置发生了变化，和速度没有关系，所以会发生错误，正确的曲线如图 4-17 所示。如果想反向可以设定两条曲线，一条正向，一条负向。

曲线相对运动和绝对运动。用 0 表示绝对位置，绝对运动是相对于原点；用 1 表示相对位置，相对运动是相对于前一个点。

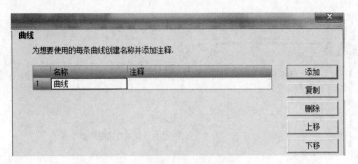

图　4-15

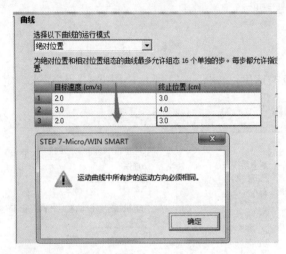

图　4-16

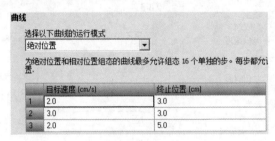

图　4-17

16）为运动控制库分配库存储区，如图 4-18 所示。分配库存储区可避免让运动控制库中的 V 区和主程序 V 区地址重复。

图　4-18

17）运动控制库向导配置完成，输入输出映射如图 4-19 所示，生成对应子程序如图 4-20 所示。

	轴	类型	地址
0	轴 0	LMT+	I0.1
1	轴 0	LMT-	I0.3
2	轴 0	STP	I0.5
3	轴 0	RPS	I0.4
4	轴 0	ZP	I0.0
5	轴 0	P0	Q0.0
6	轴 0	P1	Q0.2

图 4-19

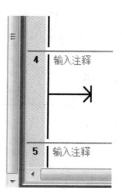

图 4-20

运动控制库对应子程序说明见表 4-1。

表 4-1

子 程 序	说 明
AXIS×_CTRL	初始化
AXIS×_GOTO	移动目标距离
AXIS×_DIS	驱动器使能
AXIS×_MAN	手动
AXIS×_RSEEK	寻找参考点
AXIS×_RUN	运行包络
AXIS×_CFG	重新装载组态
AXIS×_LDPOS	改变模块当前位置
AXIS×_LDOFF	装载参考点偏差
AXIS×_SRATE	设置加减速速度
AXIS×_CACHE	预装载包络

4.2 运动控制向导与子程序

1）AXIS0_CTRL 子例程启用和初始化运动轴。方法是自动命令运动轴每次 CPU 更改为 RUN 模式时加载组态，轴 0 定义块，如图 4-21 所示。

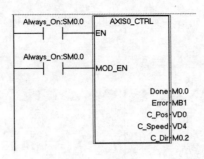

图　4-21

图 4-21 中，EN 为使能；Done 为完成位，当指令完成时状态为 1；Error 为错误字节，当指令发生错误时会有相应的错误代码显示；C_Pos 为当前位置；C_Speed 为当前速度；C_Dir 为当前方向，信号状态 0= 正向，信号状态 1= 反向。

2）寻找参考点指令，相对定位是指相对于当前位置的定位，绝对定位是指相对于零点的位置的定位，如图 4-22 所示。

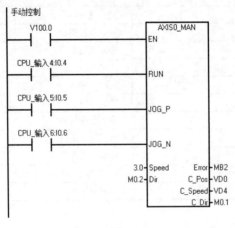

图　4-22

3）AXIS0_MAN 子例程（手动模式）将运动轴置为手动模式，允许电动机按不同的速度运行，沿正向或负向慢进，在同一时间仅能启用 RUN、JOG_P 或 JOG_N 输入之一，如图 4-23 所示。

手动控制

	AXIS0_MAN
V100.0 — EN	
CPU_输入4:I0.4 — RUN	
CPU_输入5:I0.5 — JOG_P	
CPU_输入6:I0.6 — JOG_N	
3.0 — Speed	Error — MB2
M0.2 — Dir	C_Pos — VD0
	C_Speed — VD4
	C_Dir — M0.1

图　4-23

图 4-23 中，RUN 为自动运行；JOG_P 为点动正转；JOG_N 为点动反转；Speed 为速度；Dir 为方向；C_Pos 为当前位置；C_Speed 为当前速度；C_Dir 为当前方向，信号状态 0= 正向，信号状态 1= 反向。

4）AXIS0_GOTO 子例程命令运动轴转到指定位置，如图 4-24 所示。图 4-24 中，Pos 为所到达的位置；Speed 为速度；Mode 为相对 / 绝对运动，当 Mode=0 为绝对运动，绝对运动是相对于原点的，当 Mode=1 为相对运动，相对运动是相对于前一个点的；Abort，急停向导中所配置的 I 点。

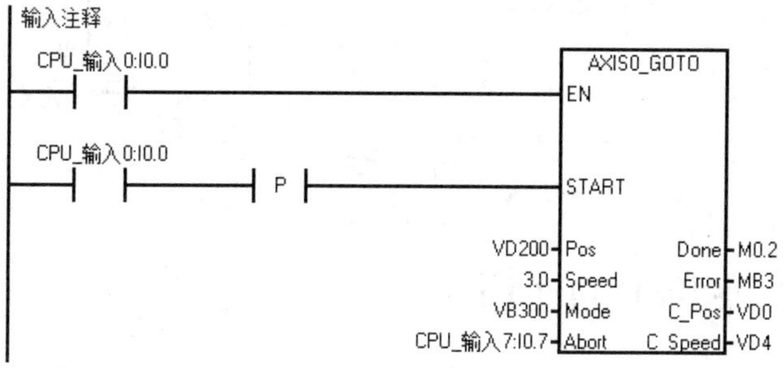

图　4-24

5）AXIS0_RUN 子例程（运行曲线）命令运动轴按照存储在组态 / 曲线表的特定曲线执行运动操作，如图 4-25 所示，图 4-25 中，Profile 为当前曲线、Abort 为急停、C_Profile 为当前曲线、C_Step 为当前步数。

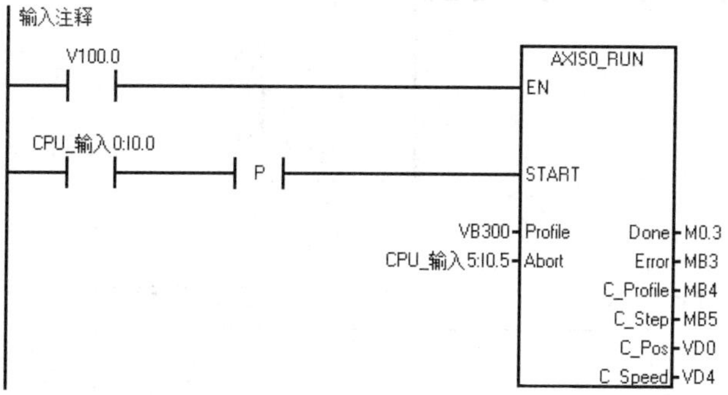

图　4-25

6）重新加载新的参考点。重新定义一个新的参考点时，LDOFF 指令和 GOTO 指令要同时出现。第一步要先使用 GOTO 指令回参考点，再用 LDOEF 指令定义一个新的参考点位置，如图 4-26 所示，两条指令定义完成，就是新的参考点，如果继续回原点指令，还是回原来参考点而不是回定义的新参考点。

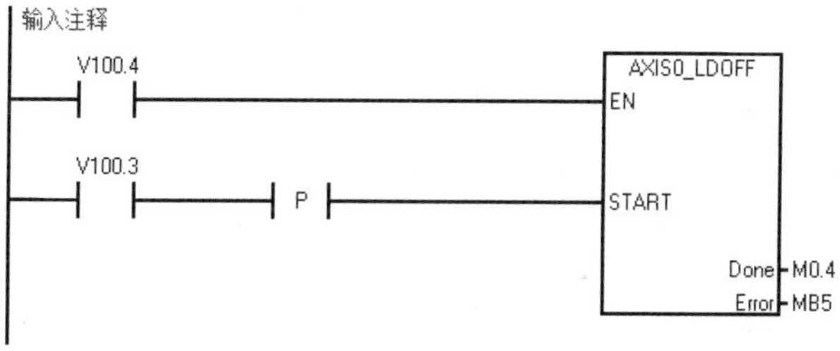

图　4-26

AXIS0_LDPOS 指令只需要先回参考点，然后触发一下 START 即可，接下来指定一个新的位置 New_Pos，指定完位置再用 GOTO 指令到达 0 位置，就是所设定的位置，如图 4-27 所示。

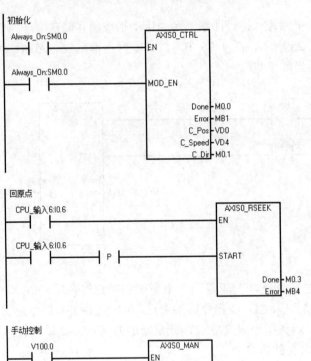

图 4-27

4.3 运动控制在案例中的使用 1

运动控制回原点，到达指定位置，手自动调试程序，如图 4-28 所示。

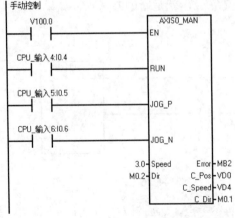

图 4-28

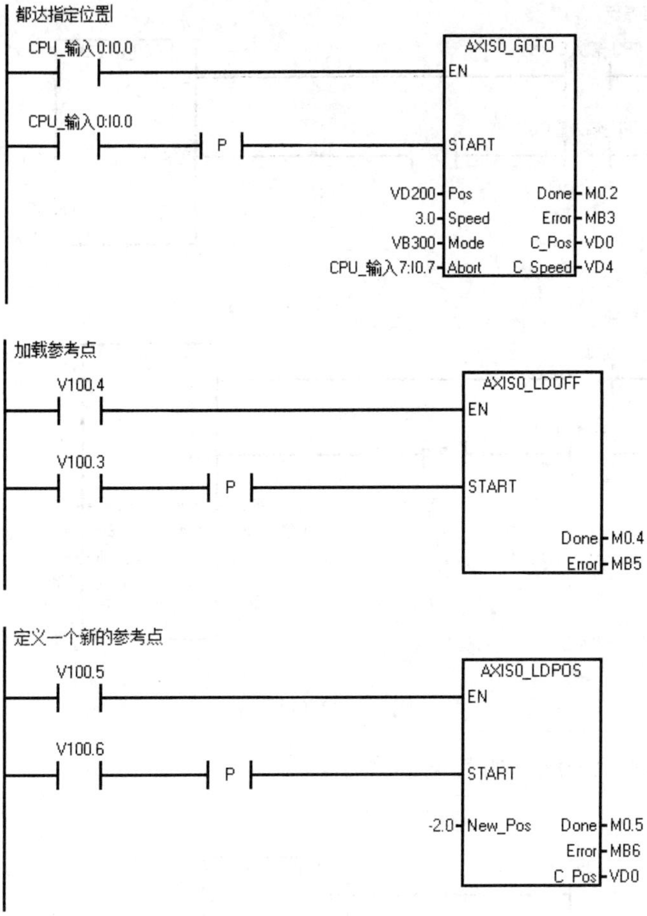

都达指定位置

CPU_输入 0:I0.0　　　　　　　　　　　　　　　AXIS0_GOTO
　┤├───────────────────────────EN

CPU_输入 0:I0.0
　┤├─────┤P├─────────START

　　　　　　　VD200─Pos　　　　Done─M0.2
　　　　　　　　3.0─Speed　　　Error─MB3
　　　　　　　VB300─Mode　　　C_Pos─VD0
　　CPU_输入 7:I0.7─Abort　　C_Speed─VD4

加载参考点

V100.4　　　　　　　　　　　　　　　AXIS0_LDOFF
　┤├───────────────────────────EN

V100.3
　┤├─────┤P├─────────START

　　　　　　　　　　　　　　　　Done─M0.4
　　　　　　　　　　　　　　　Error─MB5

定义一个新的参考点

V100.5　　　　　　　　　　　　　　　AXIS0_LDPOS
　┤├───────────────────────────EN

V100.6
　┤├─────┤P├─────────START

　　　　　　　-2.0─New_Pos　　Done─M0.5
　　　　　　　　　　　　　　　Error─MB6
　　　　　　　　　　　　　　　C_Pos─VD0

图　4-28（续）

4.4　运动控制在案例中的使用 2

　　运动控制库定义参数、回参考点、手自动、到达指定位置、重新加载参考点及曲线在实际项目中的应用。

　　1）运动控制曲线控制程序，如图 4-29 所示。

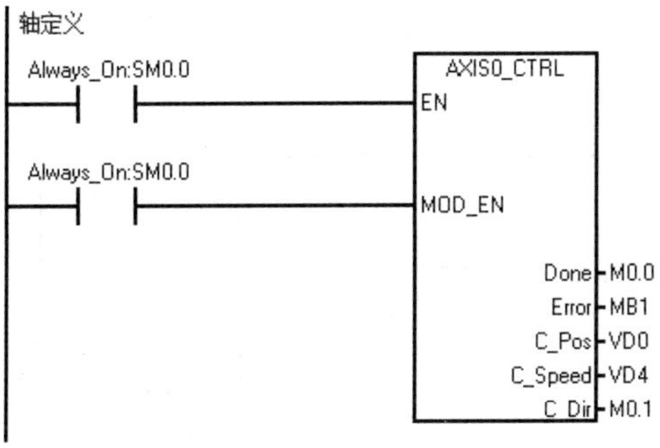

轴定义

Always_On:SM0.0　　　　　　　　　AXIS0_CTRL
　┤├───────────────────────────EN

Always_On:SM0.0
　┤├───────────────────────MOD_EN

　　　　　　　　　　　　　　Done─M0.0
　　　　　　　　　　　　　Error─MB1
　　　　　　　　　　　　　C_Pos─VD0
　　　　　　　　　　　C_Speed─VD4
　　　　　　　　　　　　　C_Dir─M0.1

图　4-29

回原点

```
回原点
  CPU_输入 6:10.6                                    AXIS0_RSEEK
    ┤├─────────────────────────────────────────      EN

  CPU_输入 6:10.6
    ┤├────────────┤ P ├──────────────────────        START

                                                      Done ─ M0.2
                                                      Error ─ MB2
```

```
调用曲线
  V100.0                                             AXIS0_RUN
    ┤├─────────────────────────────────────────      EN

  CPU_输入 0:10.0
    ┤├────────────┤ P ├──────────────────────        START

                                 VB300 ─ Profile     Done ─ M0.3
                         CPU_输入 5:10.5 ─ Abort      Error ─ MB3
                                                    C_Profile ─ MB4
                                                      C_Step ─ MB5
                                                       C_Pos ─ VD0
                                                     C_Speed ─ VD4
```

图 4-29（续）

2）重新加载参考点曲线，如图 4-30 所示。

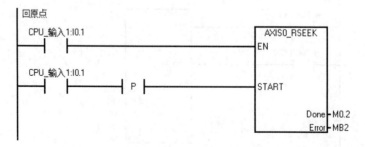

```
轴定义
  Always_On:SM0.0                                    AXIS0_CTRL
    ┤├─────────────────────────────────────────      EN

  Always_On:SM0.0
    ┤├─────────────────────────────────────────      MOD_EN

                                                      Done ─ M0.0
                                                      Error ─ MB1
                                                       C_Pos ─ VD0
                                                     C_Speed ─ VD4
                                                        C_Dir ─ M0.1
```

```
回原点
  CPU_输入 1:10.1                                     AXIS0_RSEEK
    ┤├─────────────────────────────────────────      EN

  CPU_输入 1:10.1
    ┤├────────────┤ P ├──────────────────────        START

                                                      Done ─ M0.2
                                                      Error ─ MB2
```

图 4-30

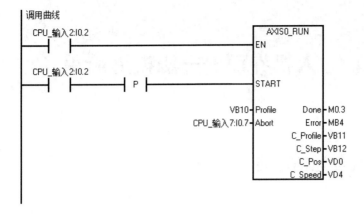

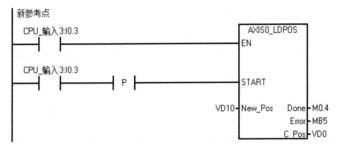

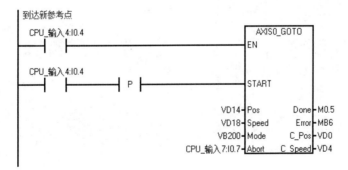

图　4-30（续）

第5章 人机界面——触摸屏应用

5.1 人机界面与通信连接

1. 人机界面

人机界面（Human Machine Interface，HMI），又称为用户界面、人机接口或使用者界面，是系统和用户之间进行交互和信息交换的媒介，它能实现信息的内部形式与人类可以接受形式之间的转换，凡有人机信息交流的领域都存在着人机界面。下面以昆仑通态 TPC7062（7in）为例子简单介绍触摸屏，如图 5-1 所示。

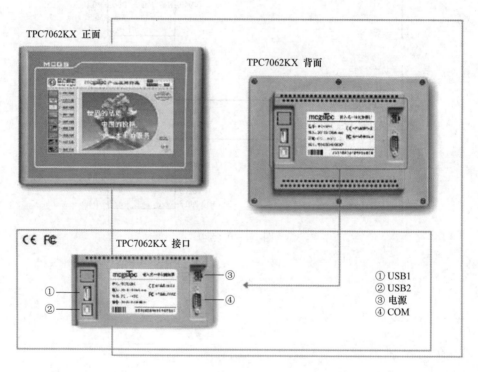

图 5-1

图 5-1 中，USB1：连接 U 盘上传/下载、鼠标、键盘；USB2：下载线接口、连接计算机；电源：接 DC24V 电源；COM 串口：跟 PLC 和仪表的通信接口支持 485、232 和 MODBUS 协议。

MCGS 嵌入版生成的用户应用系统，由主控窗口、设备窗口、用户窗口、实时数据库和运行策略五个部分构成，如图 5-2 所示。

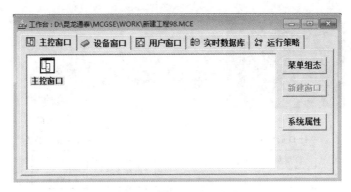

图　5-2

1）主控窗口：是工程的主窗口或主框架，主要的组态操作包括定义工程名称、编制工程菜单、设计封面图形、确定自动启动的窗口、设定动画刷新周期、指定数据库存盘文件名称及存盘时间等。

2）设备窗口：是连接和驱动外部设备的工作环境，在本窗口内配置数据采集与控制输出设备，注册设备驱动程序，定义连接与驱动设备用的数据变量。

3）用户窗口：本窗口主要用于设置工程中人机交互的界面，比如生成各种动画显示画面、报警输出、数据与曲线图标等。

4）实时数据库：是工程各个部分的数据交换与处理中心，它将 MCGS 工程的各个部分连接成有机的整体，在本窗口内定义不同类型和名称的变量，作为数据采集、处理、输出控制、动画连接及设备驱动的对象。

5）运行策略：本窗口主要完成工程运行流程的控制，包括编写控制程序（IF...then 脚本程序）。

2. 通信连接

MCGS 和西门子 PLC 之间的通信连接如图 5-3 所示，串口连接方式如图 5-4 所示。

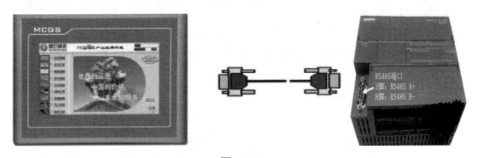

图　5-3

图　5-4

1）MCGS 与三菱公司的 PLC 通信连接方式如图 5-5 所示。

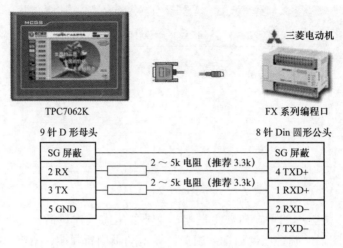

TPC7062K

三菱电动机

FX 系列编程口

9 针 D 形母头

8 针 Din 圆形公头

SG 屏蔽		SG 屏蔽
2 RX	2～5k 电阻（推荐 3.3k）	4 TXD+
3 TX	2～5k 电阻（推荐 3.3k）	1 RXD+
5 GND		2 RXD-
		7 TXD-

图 5-5

2）西门子触摸屏和西门子 1200PLC 之间以太网网通信连接如图 5-6 所示，当然 MCGS 带网口触摸屏，也可以和 S7-SMART-200 用以太网协议通信。

图 5-6

3）新工程的下载，在学习组态之前，我们先来了解把工程下载到 TPC 中。连接 TPC7062K 和 PC 机，将普通的 USB 线，一端为扁平接口，插到计算机的 USB 口，一端为微型接口，插到 TPC 端的 USB2 口，如图 5-7 所示。

图 5-7

5.2 MCGS 昆仑通泰触摸屏软件使用

1. 工程建立

单击"文件"菜单中"新建工程"选项，弹出"新建工程设置"窗口，TPC 类型选择为"TPC7062Ti"，如图 5-8 所示。

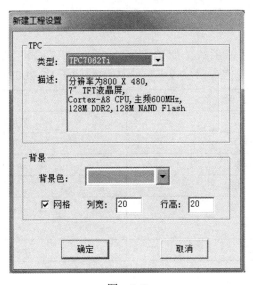

图 5-8

2. 硬件组态

首先要明确当前触摸屏要和谁进行通信，不管是仪表、变频器、还是 PLC 都要进行硬件组态。

1）单击"设备窗口"选项卡，如图 5-9 所示。

2）单击"设备组态"按钮，单击"工具箱"按钮（图 5-10），弹出"设备管理"窗口，对设备工具箱进行管理，如图 5-11 所示。在"设备管理"窗口里可以选择其他品牌的 PLC 或仪表驱动，进行硬件组态。

图 5-9

图 5-10

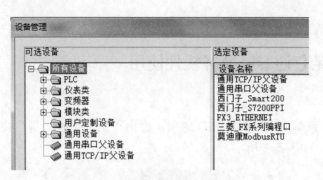

图 5-11

3）设置通信方式和通信参数，如图 5-12 所示，以 S7-200 SMART 串口通信为例，首先串口通信必须要先组态通信串口父设备，再添加西门子 S7-200PPI，如图 5-13。

设备属性名	设备属性值
设备名称	通用串口父设备 0
设备注释	通用串口父设备
初始工作状态	1- 启动
最小采集周期（ms）	1000
串口端口号（1～255）	1-COM2
通信波特率	6～9600
数据位位数	1～8 位
停止位位数	0-1 位
数据校验方式	2- 偶校验

图　5-12

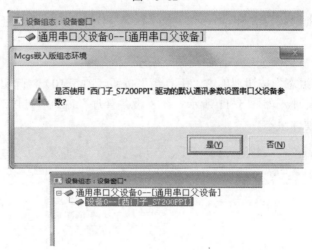

图　5-13

如果用屏软件模拟运行，控制 PLC，插上 PPI 电缆，查看 PC/PG 接口，是 COM3，则双击"通用串口父设备"，基本属性，把串口端口号修改为 COM3。注意：下载完 200SMART 的程序，使用触摸屏控制时，不能监控 200SMART 的程序，因为共用一个 COM 口。

3. 变量连接

在组态画面时，首先建立我们所需要的变量，并将其重命名。

1）单击西门子 S7-200PPI，默认可以读取 I0.0 ～ I0.7 的状态，删除 I0.0~I0.7 设备通道。单击增加设备通道按钮，如图 5-14 所示。

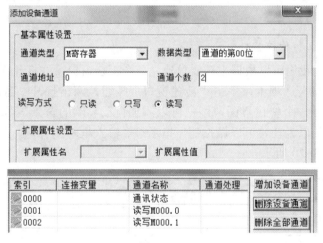

图　5-14

2）增加设备通道，分别增加 M0.0 和 M0.1 两个通道，如图 5-15 所示。

图　5-15

3）快速连接变量，单击"取消"按钮，如图 5-16 所示，方便自己定义名字，双击变量 Data00，将 M0.0 修改为启动，如图 5-17 所示，M0.1 为停止，如图 5-18 所示，单击"确定"按钮选择全部添加。

图　5-16

变量选择

变量选择方式
○ 从数据中心选择｜自定义   ○ 根据采集信息生成

根据设备信息连接
选择通讯端口 [▼]   通道类型
选择采集设备 [▼]   通道地址

从数据中心选择
选择变量 [启动   ]   ☑ 数值型

对象名   对象类型

图 5-17

索引	连接变量	通道名称	通道处理	
0000		通讯状态		增加设备通道
0001	启动	读写M000.0		删除设备通道
0002	停止	读写M000.1		删除全部通道

图 5-18

4. 用户窗口建立和构件窗口

定义完变量后，我们可以根据工艺要求建立各个工艺窗口，并打开构件工具栏。

单击"用户窗口"选项卡，单击"新建窗口"按钮，双击打开"窗口0"，如图 5-19 所示，此界面打开是一个空白界面，用户可以添加自己喜欢的背景，可以选择工具箱文字构件，在用户窗口加以说明，可以做按钮、指示灯、输入框等构件，"工具箱"构件和"常用图符"构件如图 5-20 所示。

图 5-19

图 5-20

5. 启动按钮的制作

启动按钮的制作，如图 5-21 所示。打开"工具箱"选择标准按钮的构件，在空白处画两个按钮，单击右键打开"属性"，可以对按钮进行属性设置、文字更改及变量关联，如图 5-22 所示。

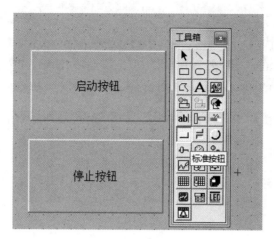

图 5-21

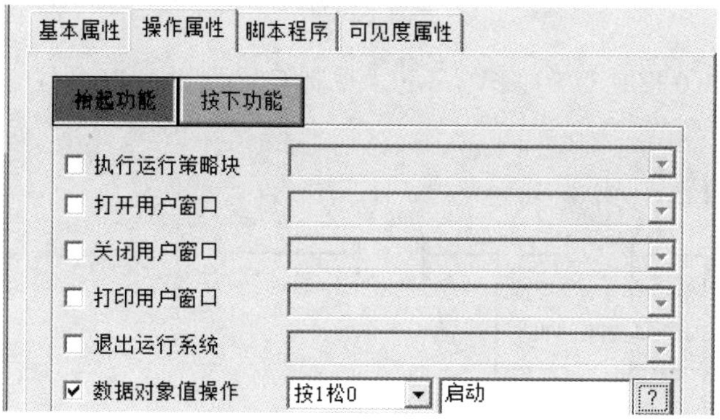

图 5-22

打开按钮属性，"基本属性"只是对按钮的样式进行设计，文字大小的更改。而按钮变量关联，我们选择操作属性，数据对象值操作，按钮的动作选择标准按钮动作按 1 松 0，连接变量单击"？"按钮，选择已经建立的启动变量，也就是这个按钮关联的变量是 M0.0，停止按钮关联变量如图 5-23 所示。

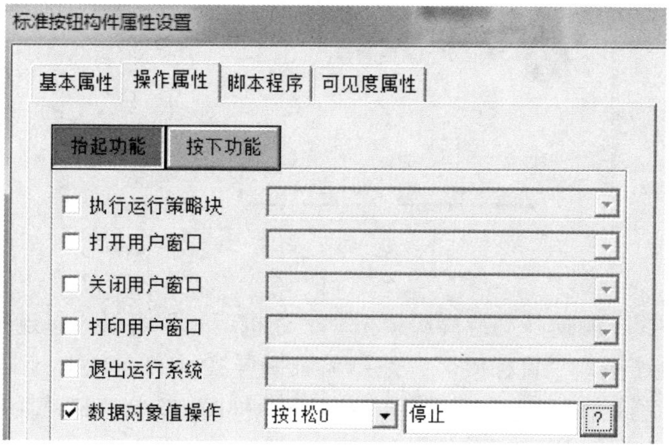

图 5-23

6. 点动控制

首先建立变量，然后用触摸屏 M0.0 按钮构件来操作 PLC Q0.0 的通断。

1）用指示灯显示 Q0.0 的状态，工具箱→插入元件→指示灯，双击指示灯，数据对象，单击"？"按钮，连接 Q0.0，如图 5-24 所示。

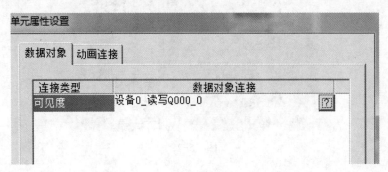

图 5-24

2）用触摸屏 M0.0 控制 Q0.0 启动，M0.1 控制 Q0.0 停止，PLC 程序如图 5-25 所示。

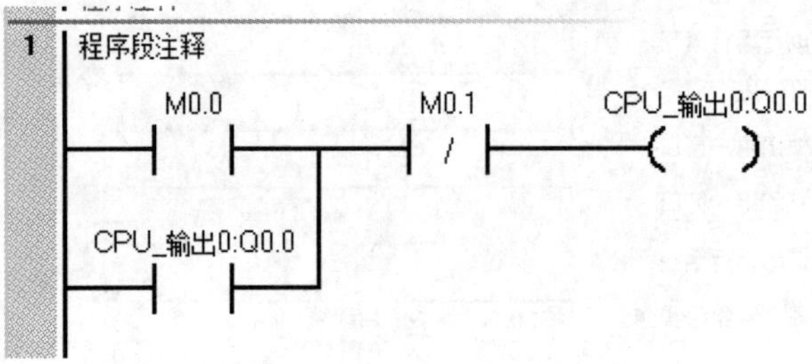

图 5-25

3）模拟运行，工程下载，单击下载构件 图标对窗口进行存盘，全部选择后单击"是"按钮，如图 5-26 所示。

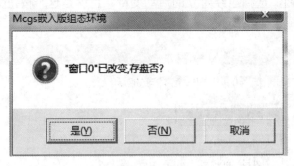

图 5-26

下载配置。MCGS 触摸屏支持离线模拟，"连机运行"可以选择连接方式，TCP/IP 网络是通过以太网口连接，"目标机名"是当前触摸屏 IP 地址，USB 连接是通过 USB 口下载程序，"制作 U 盘综合功能包"是通过 U 盘来下载程序，选择完成然后单击"确定"按钮，如图 5-27 所示。

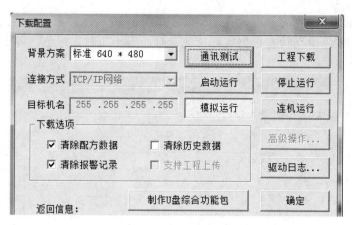

图 5-27

5.3 简单画面制作

1. 做一个指示灯两种状态显示

当按下"启动按钮"时，指示灯状态显示绿色，当按钮释放时为红色。我们可以用工具箱中的大写"A"标签实现指示灯状态的显示或者数值型数据的显示、文本的输入、按钮动作、水平移动等功能。先画一个标签作为指示灯，如图5-28所示。

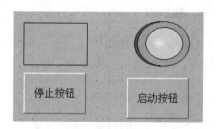

图 5-28

1）单击标签的"属性设置"选项卡，选择"填充颜色"选项，如图5-29所示。

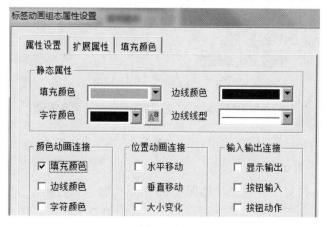

图 5-29

2）打开"标签动画组态属性设置"窗口，如图 5-30 所示，在"表达式"中单击"？"按钮关联 Q0.0，颜色填充状态根据实际情况选择，等于 1 时为绿色，等于 0 时为红色，模拟联机调试。

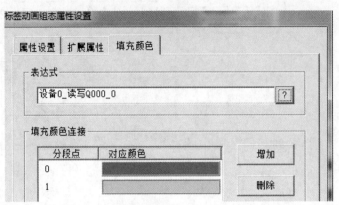

图　5-30

3）标签作为按钮状态输出时设置如图 5-31 所示。

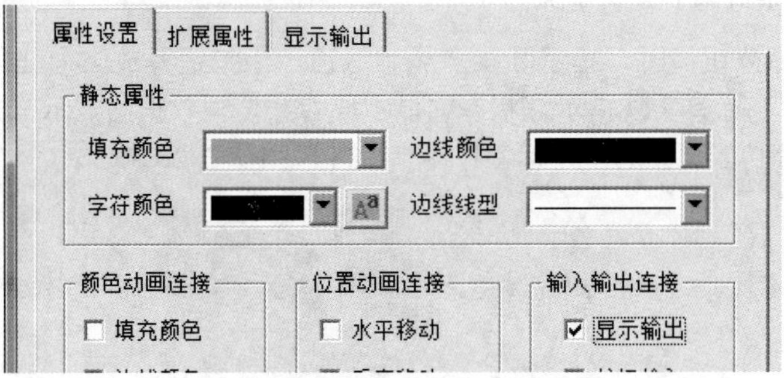

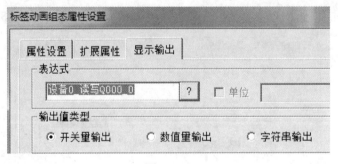

图　5-31

显示输出菜单选择"开关量输出"，这样就会实时显示 Q0.0 的状态："开"或者"关"，如图 5-32 所示。

图　5-32

2.　输入框建立和数值输入

输入框数据在触摸屏关联建立，如图 5-33 所示。输入框数据，首先以"W"的数据类型做演示，"通道类型"选择"V 寄存器"，"数据类型"中的"16 位"就表示"W"的数据类型，"无符号"就表示正数，通道个数 3 个，表示 VW0、VW2、VW4 三个数据。

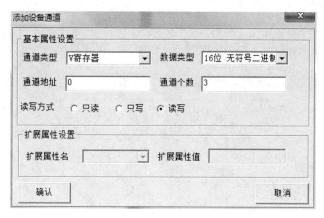

图　5-33

1）用触摸屏输入并显示两个数相加，结果等于多少，PLC 程序如图 5-34 所示。

2）用输入框 abl 表示加数 1 和加数 2，用标签 **A** 显示和的值，如图 5-35 所示。

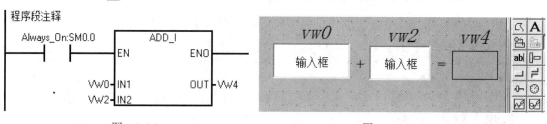

图　5-34　　　　　　　　　　　　　　　　图　5-35

3）打开"输入框构件属性设置"窗口，单击"操作属性"选项卡，单击"？"按钮连接变量，去掉"自然小数位"，把小数位数修改为 0，分别关联 VW0、VW2，用标签显示 VW4 数值输出，如图 5-36 所示。

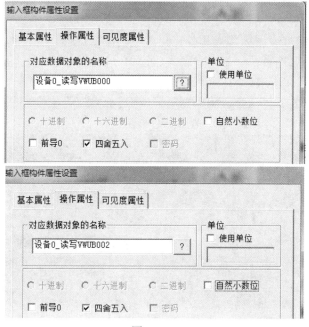

图　5-36

图 5-36（续）

5.4 动画制作多状态

1. 用标签做闪烁效果

1）设置窗口背景。添加位图，设置位图坐标（0，0），大小（1024，768），铺满屏幕，添加标题背景，添加矩形框，设置矩形框坐标（0，0），大小（1024，60），如图 5-37 所示。

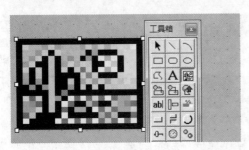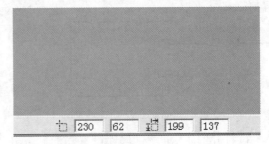

图 5-37

打开位图，单击右键选择"装载位图"，我们可以根据客户要求装载合适的位图，当选中位图时在右下角会出现如图 5-37 所示的坐标，前两个坐标表示该位图端点所在的位置，后两个坐标表示该位图的大小。

2）在属性设置窗口添加标签 A 构件，设置它的基本属性，并在扩展属性页勾选"闪烁效果"，在闪烁效果属性页，文本内容输入"简单动画组态"，表达式填写"1"，表示条件永远成立，如图 5-38 所示。

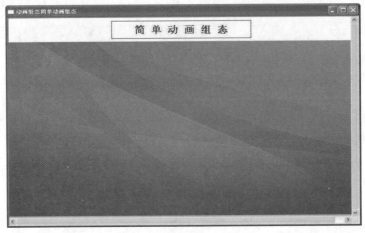

图 5-38

2. **移动效果——水平移动**

1）在属性设置窗口添加标签 A 构件，设置它的基本属性并勾选"水平移动"选项，在"扩展属性"窗口，文本内容输入"水平移动"，在"水平移动"属性窗口，定义数据对象为"i"，设置"最小移动偏移量"为"0"，"最大移动偏移量"为"200"，对应表达式的值分别为"0""100"，如图 5-39 所示。

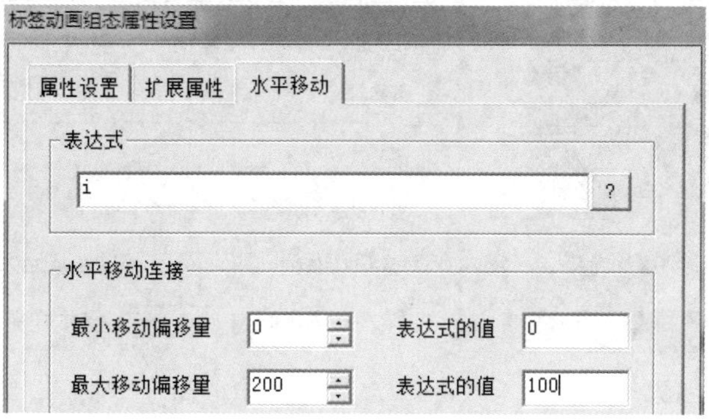

图 5-39

"最小移动偏移量"和"最大移动偏移量"指触摸屏 X/Y 像素点，"表达式的值"也就是移动偏移量，表达式"i"是水平移动构件的变量，当确定时会出现如图 5-40 所示错误，原因是"i"这个变量我们没有建立，确认即可。

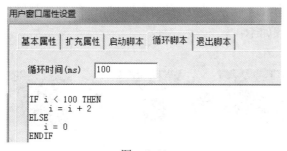

图 5-40

2）双击窗口空白处，进入"用户窗口属性设置"窗口，在"循环脚本"选项卡添加标签水平移动的脚本，"循环时间（ms）"改为"100"，如图 5-41 所示。

```
IF i < 100 THEN
    i = i + 2
ELSE
    i = 0
ENDIF
```

图 5-41

脚本含义，如果 i 的值小于 100，那么 i 开始自加 2，当 i 的值等于 100，那么 i 就为 0，指令结束，这样就形成了水平移动，如果用 PLC 控制，只需要保证这个数据连续变化。

3. 移动效果——垂直移动

1）用矩形块来表现垂直移动效果。设置矩形的"垂直移动"属性即可，如图 5-42 所示，在垂直移动属性页，定义表达式关联数值型对象为"w"，如图 5-43 所示。

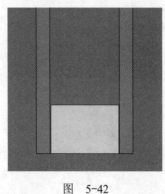
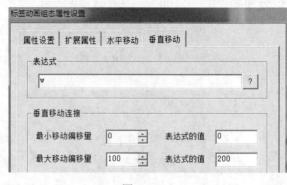

图 5-42   图 5-43

2）双击窗口空白处，进入"用户窗口属性设置"窗口，在"循环脚本"选项卡添加标签水平移动的脚本，"循环时间（ms）"改为"100"，如图 5-44 所示。脚本含义：如果 w 的值小于 100，那么 w 开始自加 1，当 w 的值等于 100，那么 w 就为 0，指令结束，这样就形成了垂直移动，如果用 PLC 控制，只需要保证这个数据连续变化。

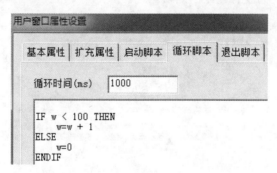

图 5-44

4. 旋转效果

风扇的旋转效果可以用动画显示构件来实现。动画显示构件可以添加分段点，每个分段点可以添加不同的图片，风扇的旋转效果就是用两个不同状态的图片交替显示实现的，如图 5-45 所示。具体步骤如下：

图 5-45

1）制作框架。选择动画控件，打开"动画显示构件属性设置"窗口，选择形成动画的图片，如图 5-46 所示。

图 5-46

2）动画显示构件的设置。如图 5-46 所示，段点可以增加，状态有文字和外形的状态，根据自己情况选取想要显示的状态，并把另一状态删除，如果想要两种状态，可以不删。在图形效果里，可以添加要形成动画的位图，可以单击位图进行位图的装入，单击"显示属性"选项卡，变量连接选择"旋转"，如图 5-47 所示。

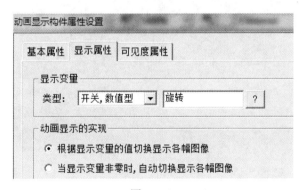

图 5-47

3）添加脚本，打开"用户窗口属性设置"窗口，在"循环脚本"选项卡添加使风扇旋转的脚本，如图 5-48 所示。

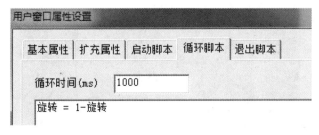

图 5-48

4）风扇的按钮控制：启动进入启动按钮的"标准按钮构件属性设置"窗口，在"操作属性"选项卡下设置"抬起功能"，"数据对象值操作"设为"置1"，定义数值型变量为"旋转循环"，如图5-49所示。

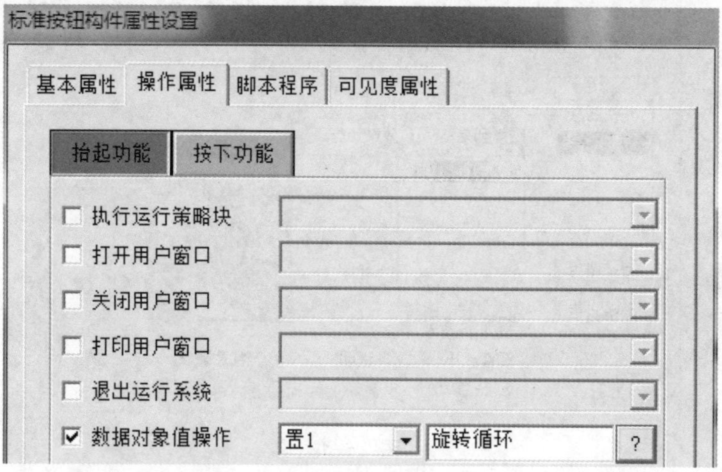

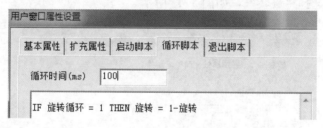

图 5-49

5）"旋转循环"控制风扇旋转，当"旋转循环"为1时，风扇开始旋转，在"用户窗口属性设置"窗口中，添加循环脚本"IF 旋转循环 =1 THEN 旋转 =1- 旋转"，如图5-50所示。

图 5-50

5. 大小变化

大小变化具体操作如下：

1）添加坐标平面。添加一个"矩形"口构件，设置其基本属性，制作 Y 轴坐标高度，添加一个"标签"Ａ构件，设置其基本属性，在"扩展属性"选项卡，文本内容隔行输入（120,90,60,30,0），制作棒图，从常用图符工具箱中，添加"竖管道"｜，作为"棒图"，如图5-51所示。

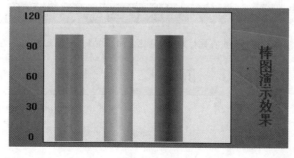

图 5-51

2）打开"竖管道"，作为"棒图"，设置其基本属性并勾选"大小变化"，在"大小变化"选项卡，定义变量为"C"，单击"变化方向"右侧图标按钮，选择大小变化、方向为单向向上变化，"最小变化百分比"和"最大变化百分比"是棒图变化的最大最小值，"表达式的值"也就是移动偏移量，也就是对应实际工程值，如图 5-52 所示。

3）添加脚本，在"用户窗口属性设置"窗口中，循环脚本页添加棒图变化的脚本，如图 5-53 所示。

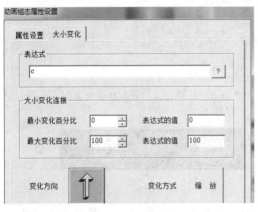

图　5-52

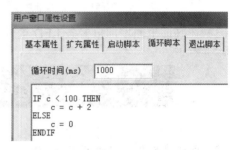

图　5-53

5.5　报警、配方

1. 开关量报警（位报警 M0.0=1 时，触发报警，显示内容为急停按钮被按下）

1）新建变量 M0.0，急停，如图 5-54 所示。

图　5-54

2）实时数据库→右击急停→报警属性→允许进行报警处理，如图 5-55 所示。

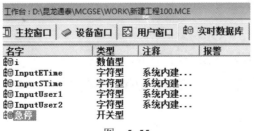

图　5-55

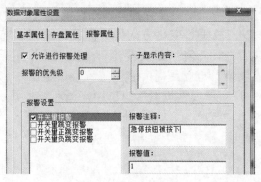

图 5-55（续）

3）在画面里面增加报警条 LED 构件 LED，如图 5-56 所示，当 M0.0=1 时，报警显示如图 5-57 所示。

图 5-56　　　　　　　　　　　　图 5-57

2. 数值量报警（当温度超过 100℃ 时，显示温度过高，低于 30℃，显示温度过低）

1）增加一个 VW0，显示温度，如图 5-58 所示。

图 5-58

2）实时数据库→右击温度→报警属性→允许进行报警处理，如图 5-59 所示。

3）在画面里插入报警浏览构件，双击属性，可修改行数，如图 5-60 所示。

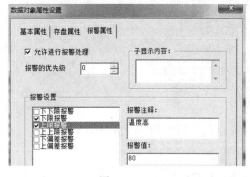

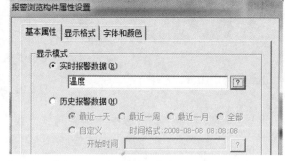

图 5-59　　　　　　　　　　　　图 5-60

4）当 VW0=20 时，显示如图 5-61 所示。

日期	时间	对象名	当前值	报警描述
2017/07/14	16:10:37	温度	0.000	温度过低

图 5-61

3. 组对象报警

1) 可以把所有的报警一起显示出来，实时数据库→新增对象，如图 5-62 所示。

2) 双击"新增对象"按钮，打开属性，"对象名称"修改为"组报警"，如图 5-63 所示。

3) 把"急停"和"温度"都增加过去，如图 5-64 所示。

4) 插入报警浏览构件△，"实时报警数据"选择"组报警"，如图 5-65 所示。

5) 显示如图 5-66 所示。

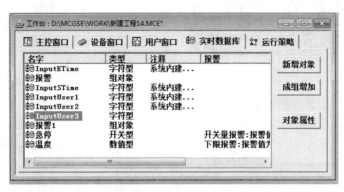

图　5-62

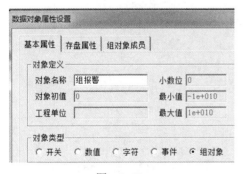

图　5-63

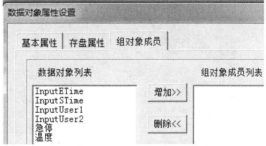

图　5-64

图　5-65

日期	时间	对象名	当前值	报警描述
2017/07/14	16:27:51	温度	0.000	温度过低
2017/07/14	16:27:51	急停	0	急停按钮被按下

图　5-66

4. 配方操作

1) 插入标签和输入框，对标签进行相应的注释，再增加两个操作按钮，如图 5-67 所示。

2）单击"添加设备通道"，通道类型"V 寄存器"，数据类型 16 位无符号二进制数，通道地址从 0 开始，通道个数 6 个，双击通道名称为读写 VWUB0 的连接变量，依次修改名称，单击"确定"按钮，如图 5-68 所示。（注意：修改名字的时候不能以数字开头。）

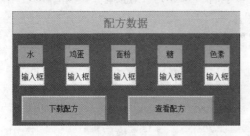

索引	连接变量	通道名称	通道处理
0000		通讯状态	
0001	水	读写VWUB000	
0002	鸡蛋	读写VWUB002	
0003	面粉	读写VWUB004	
0004	糖	读写VWUB006	
0005	色素	读写VWUB008	

图　5-67　　　　　　　　　　　　　　图　5-68

3）把每个输入框都关联相应的变量，如图 5-69 所示。

4）单击"工具"菜单，单击"配方组态设计"命令，如图 5-70 所示。

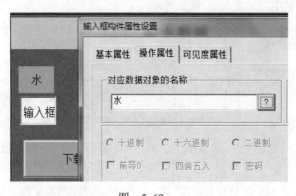

图　5-69　　　　　　　　　　　　　　图　5-70

5）新建配方组，将配方组 0 重命名为"面包"，单击"多重复制单选的对象多重复制"图标3c，进行插入配方成分，并对变量名称和列标题进行变量关联，如图 5-71 所示。

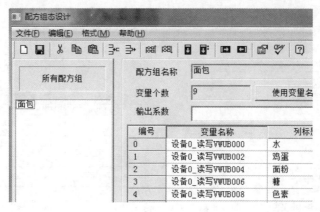

图　5-71

6）双击"面包"，对产品配方进行管理，如图 5-72 所示。

7）单击"下载配方"按钮，打开属性设置窗口，选择"脚本程序"选项卡，单击"按下脚本”，打开“脚本程序编辑器”，打开“系统参数”，选择“配方操作”，选择函数从用户窗口中加载配方！ RecipeloadByDialog()，如图 5-73 所示。

配方编号	0	1	2
配方名称	曲奇面包	达利园面包	好利来面包
水	10	11	20
鸡蛋	20	12	30
面粉	30	13	40
糖	40	14	50
色素	50	15	60
	0	0	0

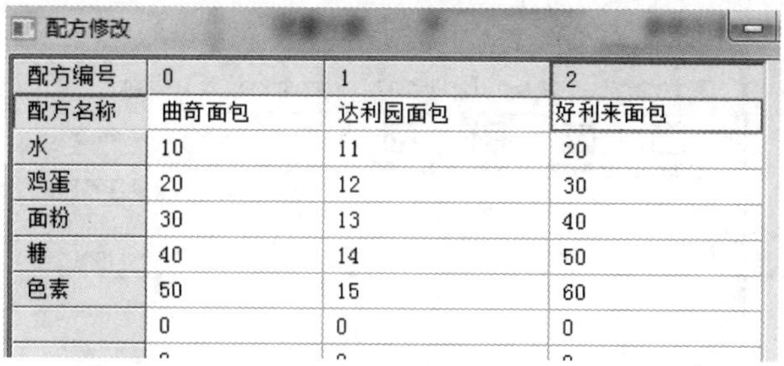

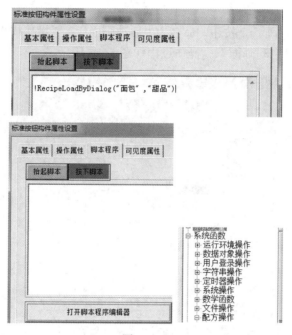

图　5-72

图　5-73

括号里面两个子对象第一个是配方名称，第二个是配方函数提示语，在填写的时候一定要注意加双引号和逗号，双引号和逗号都要切换成英文状态。

8）同样的方式打开下载配方的按钮，打开脚本程序编辑器，双击“!RecipeModifyByDialog（“面包”）”，编辑配方，如图 5-74 所示。

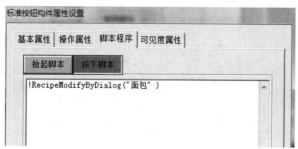

图　5-74

5. 页面之间的切换

如果要做四个画面，如图 5-75 所示，操作步骤如下：

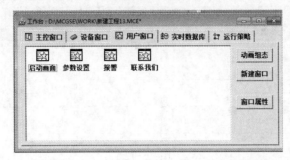

图 5-75

1）打开启动画面，画一个按钮，命名为"启动画面"；"操作属性"选项卡中勾选"打开用户窗口"，选择"启动画面"。操作过程如图 5-76 所示。

图 5-76

2）复制 3 个按钮，分别命名为"参数设置""报警""联系我们"，如图 5-77 所示，然后打开按钮操作属性，选择打开用户窗口，分别打开相对应的窗口画面。

图 5-77

3）当打开对应的窗口画面，我们可以在每一个窗口画面，复制粘贴这四个相同按钮，这样我们在任何一个窗口画面，单击窗口画面按钮，就可以进入相应的窗口画面，如图 5-78 所示。

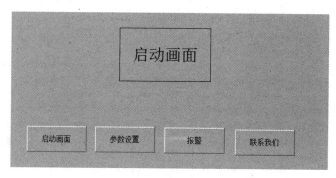

图 5-78

5.6 组态画面在案例中的使用

日期时间显示

要求显示 2020 年 5 月 14 日。

1）插入标签，没有边线，勾选"显示输出"复选框，如图 5-79 所示。

2）单击"？"按钮，连接 $Year，选择"数值量输出"，如图 5-80 所示。

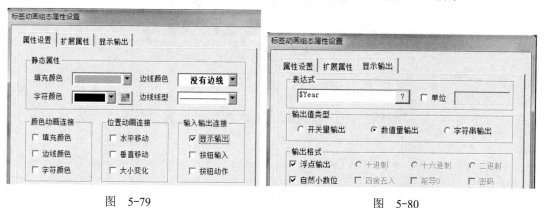

图 5-79　　　　　　　　　　　图 5-80

3）同样的方式选择年 Year、月 Month、日 Day、时 Hour、分 Minute、秒 Second、星期 Week，如图 5-81 所示。

$Date	字符型
$Day	数值型
$Hour	数值型
$Minute	数值型
$Month	数值型
$PageNum	数值型
$RunTime	数值型
$Second	数值型
$Time	字符型
$Timer	数值型
$UserName	字符型
$Week	数值型
$Year	数值型

图 5-81

5.7 安全机制

1. 操作权限

采用用户组和用户的概念来进行操作权限的控制，在 MCGS 中可以定义无限多个用户组，每个用户组中可以包含无限多个用户，同一个用户可以隶属于多个用户组。操作权限的分配是以用户组为单位来进行的，即某种功能的操作哪些用户组有权限，而某个用户能否对这个功能进行操作取决于该用户所在的用户组是否具备对应的操作权限。如：实际应用中的安全机制一般要划分为操作员组、技术员组、负责人组。操作员组的成员一般只能进行简单的日常操作；技术员组负责工艺参数等功能的设置；负责人组能对重要的数据进行统计分析；各组的权限各自独立，但某用户可能因工作需要，能进行所有操作，则只需把该用户同时设为隶属于三个用户组即可。注意：在 MCGS 中，操作权限的分配是对用户组来进行的，某个用户具有什么样的操作权限是由该用户所隶属的用户组来确定的。

2. 用户权限管理

1）在菜单"工具"中单击"用户权限管理"命令，弹出"用户管理器"窗口。单击"用户组名"下面的空白处，如图 5-82 所示，再单击"新增用户组"按钮会弹出"用户组属性设置"；单击"用户名"下面的空白处，再单击"新增用户"，弹出"用户组属性设置"，如图 5-83所示设置属性后按"确认"按钮退出。

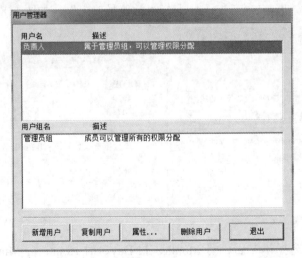

图 5-82

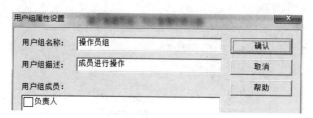

图 5-83

2）对用户组属性设置进行管理，如图 5-84 所示，单击"负责人"，进行密码设置；单击"负责人"，单击"新增用户"按钮，新建操作员并设置密码。

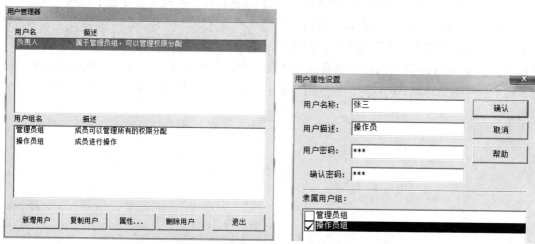

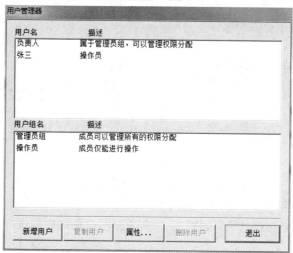

图 5-84

3）在 MCGS 组态平台上的"主控窗口"中，单击"菜单组态"按钮，打开"菜单组态：运行环境菜单"窗口。在"系统管理 [&S]"下拉菜单的空白处右击，选择"新增菜单项"命令，会产生"操作集 0"菜单。连续单击"新增菜单项"命令，增加三个菜单，分别为"操作 1""操作 2""操作 3"，如图 5-85 所示。

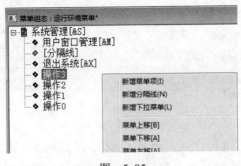

图　5-85

4）登录用户：登录用户菜单项是新用户为获得操作权，向系统进行登录用的。双击"操作 0"菜单，弹出"菜单属性设置"窗口。在"菜单属性"选项卡中把"菜单名"改为"登录用户"。单击"脚本程序"选项卡，在程序框内输入代码"!LogOn()"，如图 5-86 所示。这里利用的是 MCGS 提供的内部函数或在"脚本程序"中单击"打开脚本程序编辑器"，进入脚本程序编辑环境，从右侧单击"系统函数"，再单击"用户登录操作"，双击"!LogOn()"即可。

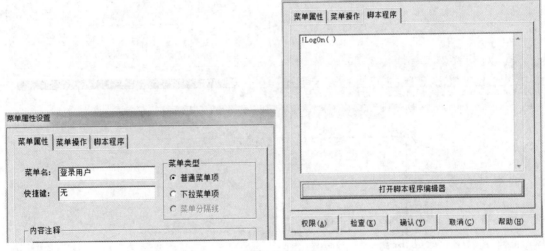

图　5-86

5）退出登录：用户完成操作后，如想交出操作权，可执行此项菜单命令。双击"操作 1"菜单，弹出"菜单属性设置"窗口。进入属性设置窗口的"脚本程序"选项卡，输入代码"!LogOff()"（MCGS 系统函数），如图 5-87 所示，在运行环境中执行该函数，弹出提示框，确定是否退出登录。

6）用户管理：双击"操作 2"菜单，弹出"菜单属性设置"窗口。在属性设置窗口的"脚本程序"选项卡中，输入代码"!Editusers()"（MCGS 系统函数），如图 5-88 所示。该函数的功能是允许用户在运行时增加、删除用户，修改密码。

7）修改密码：双击"操作 3"菜单，弹出"菜单属性设置"窗口。在属性设置窗口的"脚本程序"选项卡中输入代码"!ChangePassword()"（MCGS 系统函数），如图 5-89 所示，该函数的功能是修改用户原来设定的操作密码。创建完成，如图 5-90 所示。

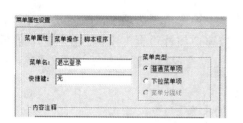

图 5-87

图 5-88

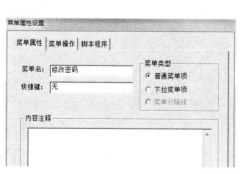

图 5-89

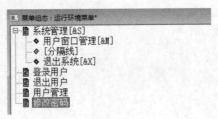

图 5-90

8）系统运行权限：在 MCGS 组态平台上单击"主控窗口"选项卡，如图 5-91 所示，选中"主控窗口"，单击"系统属性"，弹出"主控窗口属性设置"窗口。在"基本属性"选项卡中单击"权限设置"按钮，弹出"用户权限设置"窗口。在"权限设置"按钮下面选择"进入登录，退出登录"，如图 5-92 所示。

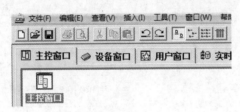

图 5-91

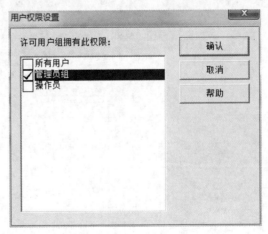

图 5-92

第6章　子程序高速计数器中断

6.1　局部变量

1. 局部变量与全局变量

I、Q、M、SM、AI、AQ、V、S、T、C、HC 地址区中的变量称为全局变量。在符号表中定义的上述地址区中的符号称为全局符号。对于程序中的每个 POU（程序组织单元），局部变量用来定义有使用范围限制的变量，它们只能在它被创建的 POU 中使用。与此相反，全局变量在符号表中定义，在各 POU 中均可以使用。全局符号与局部变量名称相同时，在定义局部变量的 POU 中，该局部变量的定义优先，该全局变量的定义只能在其他 POU 中使用。

2. 局部变量的优点

1）如果在子程序中只使用局部变量，不使用全局变量，不做任何改动，就可以将子程序移植到别的项目中去。

2）同一级的 POU 的局部变量使用公用的存储区，同一片物理存储器可以在不同的程序中分时使用。

3）局部变量用来在子程序和调用它的程序之间传递输入参数和输出参数。

3. 查看局部变量表

局部变量用局部变量表（简称为变量表）来定义。如果没有打开变量表窗口，单击"视图"菜单的"窗口"区域中的"组件"按钮，再单击打开的下拉式菜单中的"变量表"命令，变量表将出现在程序编辑器的下面。用鼠标右键单击上述菜单中的"变量表"，可以用出现的快捷菜单命令将变量表放在快速访问工具栏上。

4. 局部变量的类型临时变量（TEMP）

临时变量是暂时保存在局部数据区中的变量。只有在执行某个 POU 时，它的临时变量才被使用。同一级的 POU 的局部变量使用公用的存储区，类似于公用的布告栏，谁都可以往上面贴布告，后贴的布告将原来的布告覆盖掉。每次调用 POU 之后，不再保存它的局部变量的值。假设主程序调用子程序 1 和子程序 2，它们属于同一级的子程序。在子程序 1 调用结束后，它的局部变量的值将被后面调用的子程序 2 的局部变量覆盖。每次调用子程序和中断程序时，首先应初始化局部变量（写入数值），然后再使用它，简称为先赋值后使用。如果要在多个 POU 中使用同一个变量，应使用全局变量，而不是局部变量。主程序和中断程序的局部变量表中只有 TEMP 变量。

5. 子程序的局部变量表中的局部变量

子程序的局部变量表中还有下面 3 种局部变量：

1）输入参数（IN）：输入参数用来将调用它的 POU 提供的数据值传入子程序。如果参数是直接寻址，例如 VB10，指定地址的值被传入子程序。如果参数是间接寻址，例如 *AC1，用指针指定的地址的值被传入子程序。如果参数是常数（例如 16#1234）或地址（例如 &VB100），常数或地址的值被传入子程序。

2）输出参数（OUT）：输出参数用来将子程序的执行结果返回给调用它的 POU。由于输出参数并不保留子程序上次执行时分配给它的值，所以每次调用子程序时必须给输出参数分配值。

3）输入输出参数（IN OUT）：其初始值由调用它的 POU 传送给子程序，并用同一个参数将子程序的执行结果返回给调用它的 POU。常数和地址（例如 &VB100）不能做输出参数和输入输出参数。如果要在多个 POU 中使用同一个变量，应使用全局变量，而不是局部变量。每个子程序最多可以使用 16 个输入输出参数。如果下载超出此限制的程序，STEP7Micro/WIN SMART 将返回错误。

6. 在局部变量表中增加和删除变量

首先应在变量表中定义局部变量，然后才能在 POU 中使用它们。在程序中使用符号名时，程序编辑器首先检查当前执行的 POU 的局部变量表，然后检查符号表。如果符号名在这两个表中均未定义，程序编辑器则将它视为未定义的全局符号，这类符号用绿色波浪下划线指示。

7. 局部变量的地址分配

在局部变量表中定义变量时，只需指定局部变量的变量类型（TEMP、IN、IN OUT 或 OUT）和数据类型，不用指定存储器地址。程序编辑器自动地在局部存储器中为所有局部变量指定存储器地址。起始地址为 LB0，1 ～ 8 个连续的位参数分配一个字节，字节中的位地址为 Lx.0 ～ Lx.7（x 为字节地址）。字节、字和双字值在局部存储器中按字节顺序分配，例如 LBx、LWx 或 LD。

6.2 子程序概述

1. 子程序的编写与调用

S7-200 SMART 的控制程序由主程序 OB1、子程序和中断程序组成。STEP7 Micro/WIN SMART 在程序编辑器窗口里为每个 POU（程序组织单元）提供一个独立的主程序总是在第 1 页，后面是子程序和中断程序。一个项目最多可以有 128 个子程序。

因为各个 POU 在程序编辑器窗口中是分页存放的，子程序或中断程序在执行到末尾时自动返回，不必加返回指令。在子程序或中断程序中可以使用条件返回指令。

2. 子程序的作用

子程序常用于需要多次反复执行相同任务的地方，只需要写一次子程序，别的程序在需要它的时候调用它，而无须重写该程序。子程序的调用是有条件的，未调用它时不会执行子程序中的指令，因此使用子程序可以减少扫描时间，在编写复杂的 PLC 程序时，最好把全部控制功能划分为若干个符合工艺控制要求的子功能块，每个子功能块由一个或多个子程序组成。子程序使程序结构简单清晰，易于调试、查错和维护。在子程序中尽量使用 L 存储器中的局部变量，避免使用全局变量或全局符号，因为这样与其他 POU 几乎没有地址冲突，可以很方便地将这样的子程序移植到其他项目。不能使用跳转指令跳入或跳出子程序。在同一个扫描周期内多次调用同一个子程序时，不能使用上升沿、下降沿、定时器和计数器指令，子程序可以把整个用户程序按照功能进行结构化的组织。每个子功能块可以由一个或多个子程序组成，这样的结构也非常有利于分步调试，以免许多功能综合在一起无法判断问题的所在，而且几个类似的项目也只需要对同一个程序做不多的修改就能适用，更好的组织程序结构，便于调试和阅读。

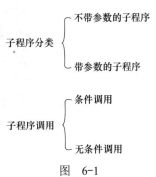

子程序分类 {不带参数的子程序／带参数的子程序}

子程序调用 {条件调用／无条件调用}

　　子程序在执行到末尾时自动返回，不必加返回指令，子程序不能使用跳转语句跳入、跳出，S7-200 SMART CPU 最多可以调用 128 个子程序，子程序可以嵌套调用，即子程序中再调用子程序，一共可以嵌套 8 层。子程序分为带参数子程序和不带参数子程序，调用方式分为有条件调用和无条件调用，如图 6-1 所示。

图　6-1

6.3　不带参数子程序的编写与调用

　　不带参数子程序手自动切换。首先在子程序分别建立手动测试和自动闪烁的子程序，然后在指令树找到子程序并调用，如图 6-2 所示。

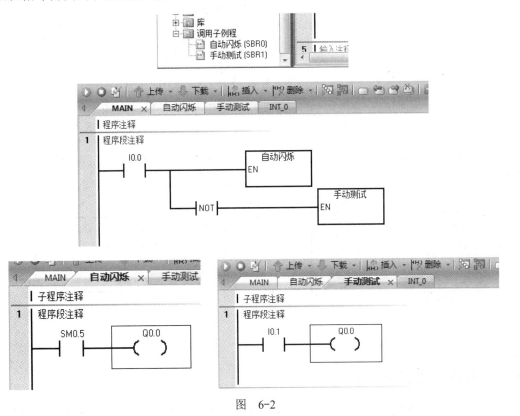

图　6-2

6.4 带参数子程序的应用

1）带参数的子程序必须先定义变量表，即在子程序局部变量表中定义参数，如求 Y=2X-5，当不同的 X 值，对应的 Y 值，如图 6-3 所示。

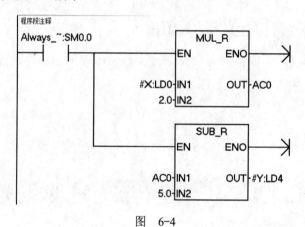

	地址	符号	变量类型	数据类型
1		EN	IN	BOOL
2	LD0	x	IN	REAL
3			IN	
4			IN_OUT	
5	LD4	y	OUT	REAL
6			OUT	
7			TEMP	

图 6-3

2）运算子程序如图 6-4 所示。

程序段注释

Always_~:SM0.0

MUL_R
EN   ENO
#X:LD0-IN1   OUT-AC0
2.0-IN2

SUB_R
EN   ENO
AC0-IN1   OUT-#Y:LD4
5.0-IN2

图 6-4

3）主程序调用计算子程序，如图 6-5 所示，当 VD0=4.0，即 X=4.0，VD4=Y=2.0×4.0-5.0=3.0。

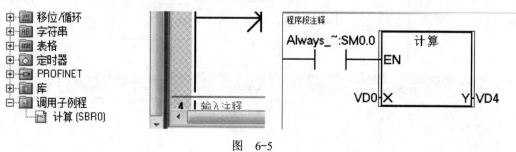

图 6-5

6.5 子程序使用案例

用带参数子程序编写长方体的表面积和体积，直接输入长、宽、高，得到表面积和体积。

具体操作如下：

1）建立带参数子程序的变量表，如图 6-6 所示。

	地址	符号	变量类型	数据类型
1		EN	IN	BOOL
2	LD0	长	IN	REAL
3	LD4	宽	IN	REAL
4	LD8	高	IN	REAL
5			IN	
6			IN_OUT	
7	LD12	表面积	OUT	REAL
8	LD16	体积	OUT	REAL

图　6-6

2）运算子程序，如图 6-7 所示。

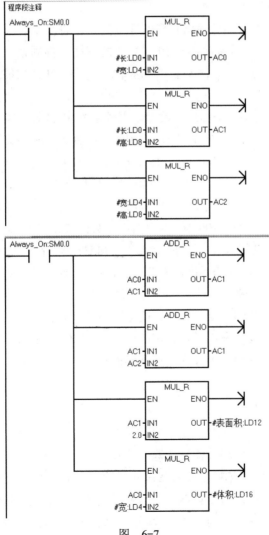

图　6-7

3）主程序调用表面积体积子程序，如图 6-8 所示，直接输入长、宽、高，得到表面积和体积。

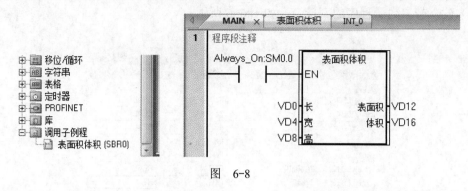

图　6-8

6.6　高速计数器、编码器脉冲读取

1. 高速计数器的简介及其作用

1）PLC 的计数器分为普通计数器和高速计数器。普通型计数器的信号限定于 PLC 的扫描周期，如果当被测量的信号频率高于 PLC 当前的程序扫描周期，就会丢失计数脉冲。普通计数器工作频率很低，最多几十赫兹。高速计数器不受 PLC 扫描周期影响，可以处理频率比较高的信号。

2）S7-200 SMART 支持 6 个高速计数器（固件版本 V2.3 以上的 SR 和 STCPU），可以设置 8 种工作模式。高速计数器具有高速脉冲输入的功能，固件版本 V1.0 的 CPU SR20、CPU SR40、CPU ST40、CPU SR60 和 CPU ST60 可以使用 4 个 60kHz 单相高速计数器或 2 个 40kHz 的两相高速计数器，而 CPU CR40 可以使用 4 个 30kHz 单相高速计数器或 2 个 20kHz 的两相高速计数器。固件版本 V2.0 到 V2.2 的标准型 CPU（ST/SR20、ST/SR30、ST/SR40、ST/SR60）可以使用 4 个 200kHz 单相高速计数器或 2 个 100kHz 的两相高速计数器，而紧凑型 CPU CR40、CPU CR60 可以使用 4 个 100kHz 单相高速计数器或 2 个 50kHz 的两相高速计数器。固件版本 V2.3 的标准型 CPU 支持 6 个高速计数器。

3）高速计数器的外部输入信号的输入与普通计数器不同，普通计数器可以使用 I 点的任意一个输入，而高速计数器是规定好的。高速计数器一般会与增量式编码器或者是光栅尺一起使用。编码器每转一周会发出一定数量的计数脉冲和复位脉冲。编码器旋转或光栅尺直线移动产生脉冲，用高速计数器可实现高速运动的精度控制及测量。

2. 编码器的分类

编码器可以分为以下两大类：

1）增量式编码器。光电增量式编码器的码盘上有均匀刻制的光栅，码盘旋转时，输出与转角的增量成正比的脉冲，用高速计数器来计脉冲数。

2）绝对式编码器。绝对编码器是直接输出数字量的传感器，在它的圆形码盘上沿径向有若干同心码道，每条码道由透光和不透光的扇形区域相间组成，相邻码道的扇区数目是双倍关系，码盘上的码道数就是它的二进制数码的位数。在码盘的一侧是光源，另一侧对应每一码道有一光敏元件；当码盘处于不同位置时，各光敏元件根据受光照与否转换出相应的电平信号，形成二进制数。

3. 编码器的输出类型和机械安装形式

编码器按信号的输出类型分为电压输出、集电极开路输出、推拉互补输出和长线驱动输出。编码器机械安装形式分为有轴型和轴套型，有轴型又可分为夹紧法兰型、同步法兰型和伺服安装型。轴套型又可分为半空型、全空型和大口径型等。

4. 编码器的接线分类

编码器的接线分为四线制、五线制、六线制、八线制。四线制和五线制只能接成 NPN 或者 PNP，六线制和八线制既能接成 NPN，又能接成 PNP。以五线制为例：一般都两个信号线：A 相（黑色）和 B 相（白色）两个电源线：棕（DC24V 正）蓝（0V），一根 Z 相：橘色（接到复位端，每 1 圈复位一次，一般不用），注意：NPN，I0.0 的公共端 1M 要接 24V+（如果 PNP，就接负）

1）四线制：棕正，兰负，黑 A，白 B（棕和兰接电源，黑和白接 I 点）。

2）五线制：棕，兰，黑，白，橘（橘色是 Z 相，复位）。

3）六线制：棕，兰，A，A' B，B'（NPN：A 和 B 接 I 点，A'B' 不接，PNP：A' 和 B' 接 I 点，AB 不接）。

4）八线制：棕，兰，A，A'，B，B'，Z，Z'。

5. 数字滤波设置

由于输入信号为脉冲信号，所以启用脉冲捕捉功能，并对输入滤波时间进行调整，以防滤波器过滤掉脉冲，HSC 滤波如图 6-9 所示。

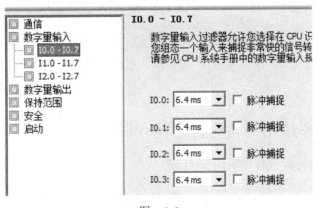

图　6-9

6.7　高速计数器的模式及输入点

HSC0、HSC2、HSC4 和 HSC5 支持计数模式（0，1）、（3，4）、（6，7）和（9，10），HSC1 和 HSC3 仅支持计数模式 0，如图 6-10 所示。

模 式	描 述	输 入 点		
	HSC0	I0.0	I0.1	I0.4
	HSC1	I0.1		
	HSC2	I0.2	I0.3	I0.5
	HSC3	I0.3		
	HSC4	I0.6	I0.7	I1.2
	HSC5	I1.0	I1.1	I1.3
0	带有内部方向控制的单相计数器	时钟		
1		时钟		复位
3	带有外部方向控制的单相计数器	时钟	方向	
4		时钟	方向	复位
6	带有增减计数时钟的双相计数器	增时钟	减时钟	
7		增时钟	减时钟	复位
9	A/B 相正交计数器	时钟 A	时钟 B	
10		时钟 A	时钟 B	复位

图 6-10

S7-200 SMART 的高速计数器共有四种基本类型：

1）具有内部方向控制功能的单相时钟计数器：模式 0 和模式 1，只有模式 1 具有外部复位功能，用高速计数器的控制字节的第 3 位来控制加计数或减计数，该位为 1 时为加计数，为 0 时为减计数。

2）具有外部复位功能，具有外部方向控制功能的单相时钟计数器：模式 3 和模式 4，只有模式 4 具有外部复位功能，方向输入信号为 1 时为加计数，为 0 时为减计数。

3）具有外部复位功能，具有 2 路时钟输入（加时钟和减时钟）的双相时钟计数器：模式 6 和模式 7，只有模式 7 具有外部复位功能。若加计数脉冲和减计数脉冲的上升沿出现的时间间隔不到 0.3μs，高速计数器认为这两个事件是同时发生的，当前值不变，也不会有计数方向变化的指示。

4）具有外部复位功能 AB 正交相计数器：模式 9 和模式 10，只有模式 10 具有外部复位功能。AB 相正交计数器（模式 9、10）的两路计数脉冲的相位互差 90°，正转时为加计数，反转时为减计数。

6.8 高速计数器使用的特殊标志位存储器

高速计数器特殊寄存器分布如图 6-11 所示。

高速计数器	状态字节	控制字节	初始值	预设值	当前值
HSC0	SMB36	SMB37	SMD38	SMD42	HC0
HSC1	SMB46	SMB47	SMD48	SMD52	HC1
HSC2	SMB56	SMB57	SMD58	SMD62	HC2
HSC3	SMB136	SMB137	SMD138	SMD142	HC3
HSC4	SMB146	SMB147	SMD148	SMD152	HC4
HSC5	SMB156	SMB157	SMD158	SMD162	HC5

图 6-11

以 HSC0 为例，SMB37=SM37.7~SM37.0，如图 6-12 所示。

SMB37	HSC0 计数器控制
SM37.0	复位的有效电平控制位：0= 复位为高电平有效，1= 复位为低电平有效
SM37.1	保留
SM37.2	HSC0 AB 正交相计数器的计数速率选择：0=4× 计数速率；1=1× 计数速率
SM37.3	HSC0 方向控制位：1= 加计数
SM37.4	HSC0 更新方向：1= 更新方向
SM37.5	HSC0 更新预设值：1= 将新预设值写入 HSC0 预设值
SM37.6	HSC0 更新当前值：1= 将新当前值写入 HSC0 当前值
SM37.7	HSC0 使能：1= 使能

图　6-12

定义高速计数器指令如图 6-13 所示。定义高速计数器 HDEF：HSC 计数器编号 0 ~ 5，MODE 工作模式如图 6-13 所示，最常用的工作模式为 10 号模式，AB 正交模式，正转增计数，反转减计数，用沿触发一次即可。调用高速计数器 HSC 指令，N：计数器编号 0 ~ 5（此指令可以重复使用）。此指令不能一直得电，如果一直得电，计数器不计数。如果用 0 号计数器，控制字节 SMB37、初始值 SMD38、预设值 SMD42。如果用 1 号计数器，控制字节 SMB47、初始值 SMD48、预设值 SMD52，以此类推。

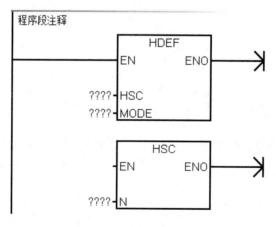

图　6-13

以 0 号高速计数器为例，使用高速计数器的步骤如下，具体程序如图 6-14 所示。

1）设置控制字节（SMB37）。

2）设定初始值（SMD38），高速计数器从几开始计数。

3）设定预设值（SMD42），设定高速计数器要计数的高限。

4）选择高速计数器及其模式（HDEF），选择高速计数器的工作模式。

5）启用高速计数器指令（HSC），触发启用高速计数器。

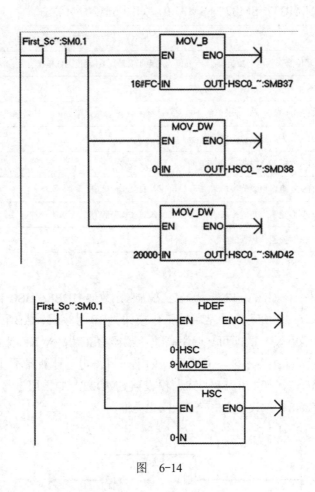

图　6-14

6.9　中断的基本概念

中断功能是 S7-200 SMART 的重要功能，用于实时控制、高速处理、通信和网络等复杂和特殊的控制任务。S7-200 SMART PLC 最多有 38 个中断源（9 个预留），分为通信中断、I/O 中断、PTO 中断、HSC 中断和时基中断。

S7-200 SMART 中使用中断服务程序来响应这些内部、外部的中断事件。中断服务程序与子程序最大的不同是，中断服务程序不能由用户程序调用，而只能由特定的事件触发执行，在中断事件发生时由操作系统调用，及时处理与用户程序的执行时序无关的操作，或者不能事先预测何时发生的"事件"，只有把中断服务程序标号（名称）与中断事件联系起来，并且开放系统中断后才能进入等待中断并随时执行的状态。可以用指令取消中断程序与中断事件的连接，或者禁止全部中断。为了便于识别，系统为每个中断事件都分配了一个中断编号，简称中断事件号。

注意：多个中断事件可以连接同一个中断服务程序；一个中断服务程序只能连接一个中断事件，中断程序只需与中断事件连接一次，除非需要重新连接。中断事件各有不同的优先级别，中断服务程序不能再被中断，如果再有中断事件发生，会按照发生的时间顺序和优先级排队。中断程序应短小而简单，执行时对其他处理不要延时过长，即越短越好，中断程序一共可以嵌套 4 层子程序。

在调用中断例程之前，必须指定中断事件和要在事件发生时执行的程序段之间的关联。可以使用中断连接指令将中断事件（由中断事件编号指定）与程序段（由中断例程编号指定）相关联。可以将多个中断事件连接到一个中断例程，但不能将一个事件连接到多个中断例程。连接事件和中断例程时，仅当程序已执行全局 ENI（中断启用）指令且中断事件处理处于激活状态时，新出现此事件才会执行所连接的中断例程。否则，CPU 会将该事件添加到中断事件队列中。如果使用全局 DISI（中断禁止）指令禁止所有中断，每次发生中断事件时 CPU 都会排队，直至使用全局 ENI（中断启用）指令重新启用中断或中断队列溢出。

6.10　中断指令

1）ENI：全局中断允许指令（开放中断，用于主程序）。

2）DISI：全局中断禁止指令（用于主程序）。

3）RETI：从中断程序有条件返回，根据条件决定是否从中断程序中返回主程序（用于中断程序）。

4）ATCH：连接中断（用于主程序或中断程序）

5）DTCH：分离中断，使该事件无效，并保持分离时的状态，相当于某一单独事件被禁止中断（用于主程序或中断程序，如果需要清零并分离，最好编写在主程序中）。

6）CLR-EVNT：清除中断事件，删除中断队伍中不必要的中断，不常用。

因为中断是瞬间执行，所以中断程序中不能使用定时器、自锁、停止等按钮，不能用沿触发。

输入 / 输出中断分布如图 6-15 所示。时基中断分布如图 6-16 所示。

输入 / 输出中断	外部输入中断：I0.0 ～ I0.3 上升沿或下降沿中断	
	高速 计数器中断	当前值 = 预设值
		计数方向改变
		计数器外部复位
	脉冲串输出中断：给定的脉冲输出完成后，执行中断（针对步进 . 伺服）	

图　6-15

时基中断	（1）定时中断：支持一个周期性的活动，以 1ms 为计量单位，1 ～ 255ms		
	一共 2 个	事件 10：定时中断 0，周期值放入 SMB34	
		事件 11：定时中断 1，周期值放入 SMB35	
	以固定的时间间隔作为采样周期，对模拟量输入采样		
	（2）定时器 中断	事件 21：T32	当前值 = 预设值，中断
		事件 22：T96	

图　6-16

6.11 中断源与中断事件号

1. 中断源的定义

产生中断的条件简称中断源，每一个中断源对应一个中断事件号，如图 6-17 所示。前面这一排数字就是中断事件号，后面对应的就是中断产生的条件。

离散	19	PTO0 脉冲计数完成
中等优先级	20	PTO1 脉冲计数完成
	34	PTO2 脉冲计数完成
	0	I0.0 上升沿
	2	I0.1 上升沿
	4	I0.2 上升沿
	6	I0.3 上升沿
	35	I7.0 上升沿（信号板）
	37	I7.1 上升沿（信号板）
	1	I0.0 下降沿
	3	I0.1 下降沿
	5	I0.2 下降沿
	7	I0.3 下降沿
	36	I7.0 下降沿（信号板）

12	HSC0 CV=PV（当前值 = 预设值）
27	HSC0 方向改变
28	HSC0 外部复位
13	HSC1 CV=PV（当前值 = 预设值）
16	HSC2 CV=PV（当前值 = 预设值）
17	HSC2 方向改变
18	HSC2 外部复位
32	HSC3 CV=PV（当前值 = 预设值）
29	HSC4 CV=PV
30	HSC4 方向改变
31	HSC4 外部复位
33	HSC5 CV=PV
43	HSC5 方向改变
44	HSC5 外部复位
10	定时中断 0 SMB34
11	定时中断 1 SMB35
21	定时器 T32 CT=PT 中断
22	定时器 T96 CT=PT 中断

图 6-17

2. **中断程序的步骤**

中断程序的步骤如下：

1）确定是什么中断。

2）主程序需要开放中断、连接中断，需要设定什么，都在主程序里面设定，比如脉冲指令的周期、脉冲数、开关量等。

3）中断程序：编写需要执行的结果，即中断条件达到了，要干什么事。

6.12　中断程序示例：I/O 中断

当产生 I0.0 的下降沿时，执行中断，Q0.0 亮，I0.2 禁用中断，I0.1 复位 Q0.0，如图 6-18 所示。

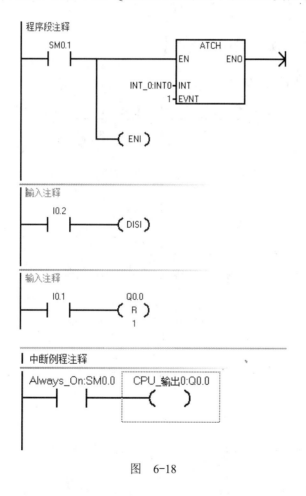

图　6-18

6.13　中断程序示例：定时中断

用于读取模拟量输入值的定时中断，每 200ms 读取模拟量一次，如图 6-19 所示。

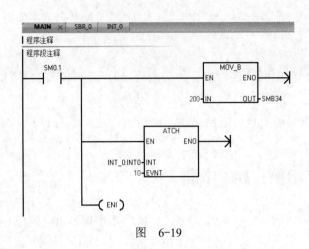

图 6-19

6.14 中断程序示例：高速计数中断

高速计数器中断如图 6-20 所示。

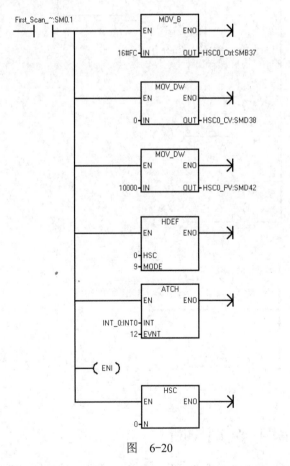

图 6-20

0 号高速计数器的 9 号模式，是正交模式，中断的 12 号中断源是 HSC0 CV=PV（当前

值＝预设值），也就是高速计数器的当前计数值等于 10000 的时候产生中断程序，如图 6-21
所示，中断程序主要用来清除当前的计数值。

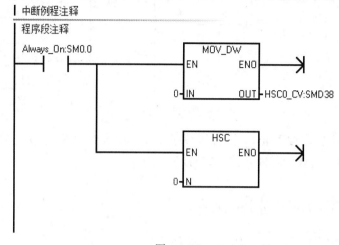

图　6-21

6.15　中断程序示例：PTO 中断

脉冲输出 PTO 中断如图 6-22 所示。

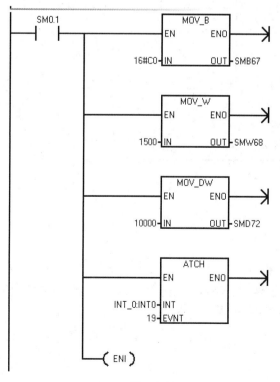

图　6-22

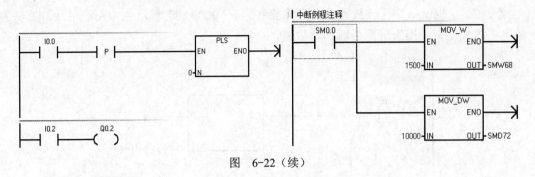

图 6-22（续）

步进电动机的中断，按下 I0.0 时，开始发脉冲，当 10000 个脉冲数发完以后产生中断，中断触发条件为 19，当 0 口脉冲计数完成时产生中断。

6.16 中断程序示例：定时中断

利用定时中断实现自加累计，如图 6-23 所示。

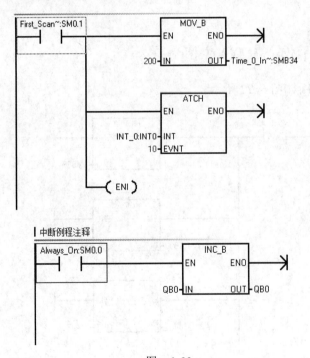

图 6-23

定时中断分为两类：短延时和长延时，短延时有 SMB34/SMB35，时基为 255 就是 0.25s，长延时有 T32/T96，时基为 32767 就是 32s。

第 7 章 模拟量控制

7.1 模拟量概念

在工业控制系统中，除了要处理大量的数字量信号以外，还经常要处理模拟量信号。某些输入量（温度、压力、液位和流量等）是连续变化的模拟量信号，某些被控对象也需模拟信号控制（变频器、比例阀等），因此要求 PLC 有处理模拟信号的能力。PLC 内部执行的均为数字量，因此模拟量处理需要完成两方面任务，一是将模拟量转换成数字量（A/D 转换），二是将数字量转换为模拟量（D/A 转换）。模拟量信号的采集，由传感器来完成，传感器将非电信号（如温度、压力、液位和流量等）转化为电信号，注意此时的电信号为非标准信号。非标准电信号转化为标准电信号，此项任务由变送器来完成。传感器输出的非标准电信号输送给变送器，经变送器将非标准电信号转化为标准电信号。根据国际标准，标准电信号分为电压型和电流型两种类型，电压型的标准信号为 DC0 ~ 5V，电流型的标准信号为 DC4 ~ 20mA。A/D 转换和 D/A 转换，变送器将其输出的标准信号传送给模拟量输入扩展模块后，模拟量输入扩展模块将模拟量信号转化为数字量信号，PLC 经过运算，其输出结果或直接驱动输出继电器，从而驱动开关量负载，或经模拟量输出模块实现 D/A 转换后输出模拟量信号，控制模拟量负载。

S7-200 SMART 主机后面挂模块，模块的最大块数是 6，如图 7-1 所示。这 6 个模块可以是图 7-2 中的任何一个模块。

图　7-1

```
EM DP01 (DP)
EM DE08 (8DI)
EM DE16 (16DI)
EM DT08 (8DQ Transistor)
EM DR08 (8DQ Relay)
EM QT16 (16DQ Transistor)
EM QR16 (16DQ Relay)
EM DT16 (8DI / 8DQ Transistor)
EM DR16 (8DI / 8DQ Relay)
EM DT32 (16DI / 16DQ Transistor)
EM DR32 (16DI / 16DQ Relay)
EM AE04 (4AI)
EM AE08 (8AI)
EM AQ02 (2AQ)
EM AQ04 (4AQ)
EM AM03 (2AI / 1AQ)
EM AM06 (4AI / 2AQ)
EM AR02 (2AI RTD)
EM AR04 (4AI RTD)
EM AT04 (4AI TC)
```

图　7-2

图 7-2 中部分项目说明如下：

1）DP01：PROFIBUS DP 从站模块。

2）Relay：继电器输出。

3）Transistor：晶体管输出。

4）RTD：热电阻。

5）TC：热电偶。

6）DQ：数字量输出。

7）DI：数字量输入。

8）AI：代表模拟量输入。

9）AQ：代表模拟量输出。

7.2 模拟量模块介绍及接线

1. 模拟量的模块类型

模拟量的模块类型有三种：普通模拟量模块、RTD 模块和 TC 模块。普通模拟量模块可以采集标准电流和电压信号，其中电流包括 0 ~ 20mA、4 ~ 20mA 两种信号，电压包括：+/–2.5V、+/–5V、+/–10V 三种信号。

以 EM AM03 为例，2AI/1AQ 表示该模块有 2 路模拟量输入、1 路模拟量输出，如图 7-3 所示。

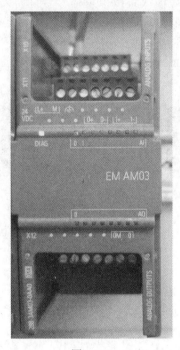

图 7-3

模块上端：代表电源和模拟量输入；模块下端：代表模拟量输出。X10：指后面的一排接线端子，只接前两个，L+ 和 M，分别接到 DC24V 的正和负；X11：指前面的一排接线端子，接右边的 4 个。0+ 和 0– 是第一路，分别接电压（电流）的正和负。1+ 和 1– 是第二路，分别接电压（电流）的正和负。X12：是指模拟量输出端，只有最右边的两个端子需要接线，分别接输出电压的正和负，0 接正，0M 接负。注意事项：两路模拟量输入必须相同，同为电压信号，或者同为电流信号。

2. S7-200 SMART 中模拟量和数字量的对应关系

1）模拟量外界的电压或电流的模拟值对应 PLC 中显示的数字量。

2）标准电压对应关系，单极性：0 ～ 10V 或 0 ～ 5V（对应 PLC 中 0 到 27648，双极性：±5V 或 ±2.5V，±10V 对应 PLC 中的 0±27648）。

3）标准电流对应关系，0 ～ 20mA（对应 PLC 中 0 ～ 27648），4 ～ 20mA（对应 PLC 中 5530 ～ 27648）。

3. 模拟量的转换方法

模拟量的转换方法有两种：

1）自己编写模拟量转换公式，以便熟悉模拟量和数字量的关系，可以彻底了解模拟量。

2）直接调用模拟量转换库，直接在引脚上输入便可得到相应的结果。为了方便大家灵活掌握模拟量，以便推广到其他品牌的 PLC 模拟量应用，我们从自己编写程序开始讲解。

7.3　模拟量输入应用

现场检测 0 ～ 10MPa 的压力，输出 4 ～ 20mA 的信号给 AI 模块，求 PLC 中 AIW0 显示 10000 时，对应的压力值 X，坐标轴表示如图 7-4 所示。

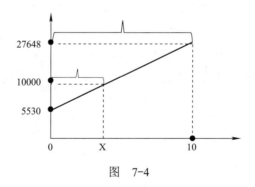

图　7-4

1）模拟量换算公式：$Ov = [（Osh–Osl）× （Iv–Isl） / （Ish–Isl）] + Osl$

$$X=（10–0）× （10000–5530）÷ （27648–5530）+0$$

Ov：实际工程值（实数）。

Osh：实际工程值高限（实数）。

Osl：实际工程值低限（实数）。

Iv：模拟值（整数）。

Isl：模拟值低限（整数）。

Ish：模拟值高限（整数）。

2）编写程序，用子程序自动计算出 X 的值。

①建立变量，在子程序中首先定义接口变量 5 个输入，1 个输出，如图 7-5 所示，注意这个变量表为子程序中带参数子程序的变量表。

地　址	符　号	变量类型	数据类型
	EN	IN	BOOL
LD0	实际高	IN	REAL
LD4	实际低	IN	REAL
LW8	模拟值	IN	INT
LW10	模高	IN	INT
LW12	摩的	IN	INT
		IN	
		IN_OUT	
LD14	实际工程值	OUT	REAL

图　7-5

②编写子程序。首先统一数据类型，不同的数据类型无法进行运算，需要把所有的整数转换成实数，才可以按照公式进行运算，子程序转换如图 7-6 所示。

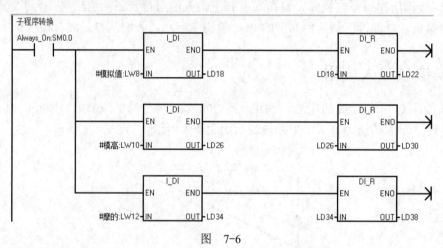

图　7-6

③按照公式编写子程序，如图 7-7 所示。

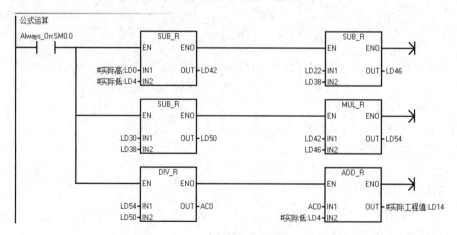

图　7-7

④ 主程序调用子程序 SBR_0，当 AIW16 里面的数值变化时（由外界现场信号决定），VD10 里面显示现场的工程值，比如实际的压力等，如图 7-8 所示。

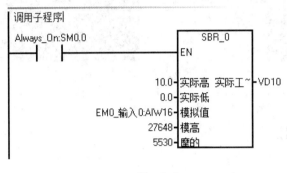

图　7-8

⑤ 当组态模块时，双击打开 CPU ST30，在 EM0 上添加"EM AM03（2AI/1AQ）"，然后设定为电流 / 电压信号，如图 7-9 所示。

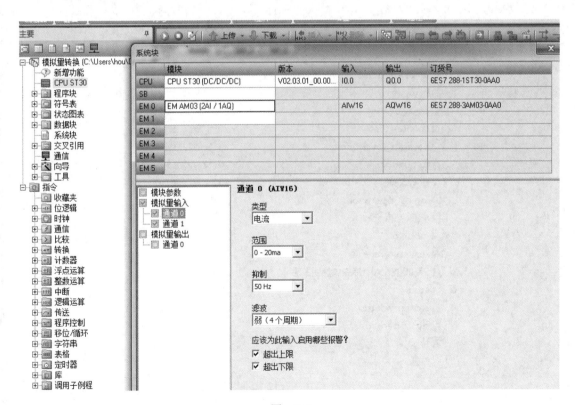

图　7-9

⑥ 模拟量的测试。找一个 0 ～ 20mA 的电流或 0 ～ 10V 电压进行测试，如图 7-10 所示。

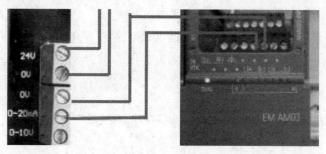

图 7-10

7.4 模拟量库应用

1. 安装库文件

把该库文件解压到桌面，如图 7-11 所示。

📁 7.【常用库】SMART+PLC+常用库文件

图 7-11

1）打开库文件，如图 7-12 所示，阅读库安装使用说明。

📄 arcusfunctions	2015/5/22 15:04	
📄 bcd	2015/5/22 15:13	
📄 clock_integer	2015/5/22 15:10	
📄 counter_dint	2015/5/22 16:45	
📄 daylight_saving_time	2015/5/22 15:37	
📄 frequency	2015/5/22 16:53	
📄 graycode	2015/5/22 15:48	
📄 logical_operation	2015/5/22 16:33	
📄 logo_functions	2015/5/22 16:35	
📄 modulo	2015/5/22 16:06	
📄 real compare	2015/5/22 16:03	
📄 S7-200SMART库安装使用说明	2016/3/30 17:18	
📄 scale	2017/10/20 22:43	
📄 shutter_control	2009/3/16 17:27	
📄 sign operation	2015/5/22 15:58	
📄 toggle	2015/5/22 16:00	
📄 转换	2017/10/21 16:51	

图 7-12

2）添加模拟量转换库文件 scale 到库文件，如图 7-13 所示。选择"打开库文件夹"进行添加，只需要把 scale 复制粘贴到打开库文件夹内即可。

3）直接调用模拟量转换库，如图 7-14 所示。

I-R：模拟量输入转换，整数转实数。

R-R：模拟量输入转换，实数转实数。

R-I：模拟量输出转换，实数转整数。

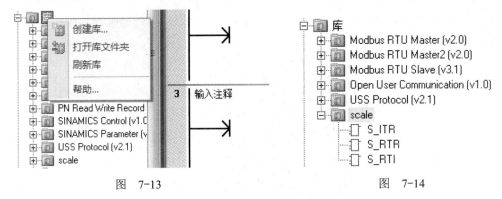

图　7-13　　　　　　　　　　　　　图　7-14

2．调用模拟量库文件

模拟量库文件如图 7-15 所示。

模拟量采集转换 Input：AIW16 模拟量输入采集通道地址。ISH：模拟值高限（27648）。ISL：模拟值低限（如果 0 ～ 10V 电压低限为 0，如果 4 ～ 20mA 电流低限为 5530）。OSH：实际值高限（现场实际工程值高限）。OSL：实际值低限（现场实际工程值低限）。Output：测得现场实际工程值。

如果模拟量输入通道接 0 ～ 10V 的电压信号，则对应 PLC 中 0 ～ 27648 的模拟值，对应的频率是 0 ～ 50Hz，当模拟量输入 AIW16=27648 时，即电压是 10V，则当时的频率是 50Hz。

如果有多路模拟量输入，可以多次调用该指令，修改不同的采集通道地址即可。

3．模拟量输出转换

模拟量输出转换如图 7-16 所示，用模拟量的采集来控制变频器或者仪表，通过模拟量输出模块，输出 0 ～ 10V 的电压信号，控制变频器的频率，频率的高低限是 0 ～ 50Hz，只需要在输入端输入所需要的实际工程值，就会在指定通道输出该工程值对应的模拟值（0 ～ 10V 或 0 ～ 20mA）。

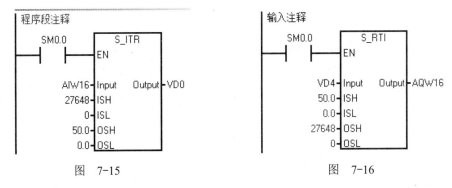

图　7-15　　　　　　　　　　　　　图　7-16

模拟量输出转换 Input：实际工程值；OSH：模拟值高限（27648）；OSL：模拟值低限（如果 0 ～ 10V 电压低限为 0，如果 4 ～ 20mA 电流低限为 5530）；ISH：实际值高限（现场实际工程值高限）；ISL：实际值低限（现场实际工程值底限）；Output：模拟量输出通道。

需要注意的是，模拟量输出模块为反量程转换，和模拟量采集正好相反。

4. 模拟量输出通道实际接线

模拟量输出通道实际接线如图 7-17 所示。输出的模拟信号接到变频器的模拟量端子即可给定变频器频率。

正 +
负 −

图　7-17

7.5　模拟量块的接线

模拟量电流、电压信号根据模拟量仪表或设备线缆个数分成四线制、三线制、两线制三种类型，不同类型的信号其接线方式不同。

1）四线制信号指的是模拟量仪表或设备上信号线和电源线加起来有 4 根线。仪表或设备有单独的供电电源，除了两根电源线还有两根信号线。四线制信号的接线方式如图 7-18 所示。

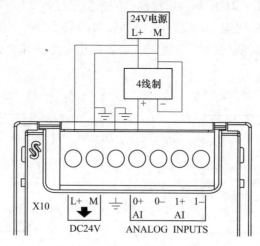

图　7-18

2）三线制信号是指仪表或设备上信号线和电源线加起来有 3 根线，负信号线与供电电源 M 线为公共线，三线制信号的接线方式如图 7-19 所示。

3）两线制信号指的是仪表或设备上信号线和电源线加起来只有两个接线端子。由于

S7-200 SMART CPU 模拟量模块通道没有供电功能，当我们外接仪表等设备时需要外接24V 直流电源，两线制信号的接线方式如图 7-20 所示。

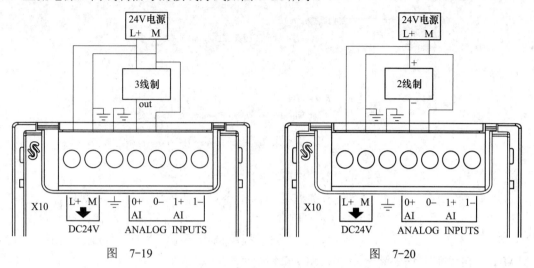

图 7-19　　　　　　　　　　　　　　　　　　图 7-20

7.6 用户自定义指令库

用户可以把自己编制的程序集成到编程软件 Micro/WIN SMART 中，这样可以在编程时调用实现相同功能的库指令，而不必同时打开几个项目文件复制，指令库也可以方便地在多个编程计算机之间传递。

一个已存在的程序项目，如果只有子程序、中断程序也可以被创建为指令库，中断程序只能随定义它的主程序、子程序集成到库中，例如一个项目的程序结构如图 7-21。

欲将子程序 My_SUB_a 和 My_SUB_b 创建为指令库，其中在 My_SUB_b 中定义了中断程序 My_INT（将某中断事件号与中断服务程序 My_INT 连接起来使用 ATTACH 指令），操作步骤如下。

1）在"文件"菜单中，选择建立库命令，或者用鼠标右键单击指令树的指令库分支，单击"创建库 …"，如图 7-22 所示。

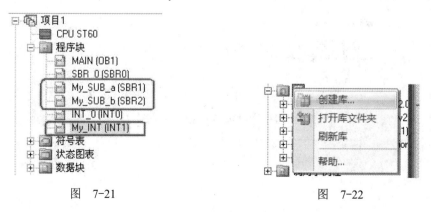

图 7-21　　　　　　　　　　　　　图 7-22

2）通过执行"创建库"窗口中的各个步骤，组态库的构成。可单击各窗口的"下一页"

按钮进入下一步。也可单击任何节点以更改该节点名称和路径库名称，库名称可以包含空格和大小写混合字母。库文件路径：默认路径存储库如图 7-23 所示。

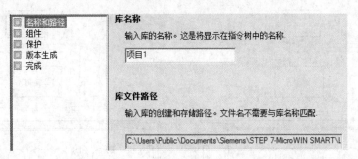

图　7-23

3）在"组件"选项中，哪些子例程要作为指令包括在库中，就在左侧列表中选择子例程，然后单击"添加"按钮，如果要删除子程序，请选择右侧的子例程，然后单击"删除"按钮。不能直接添加中断例程，但如果子程序调用了中断程序，STEP 7 Micro/WIN SMART 会自动包含该中断程序，如图 7-24 所示。

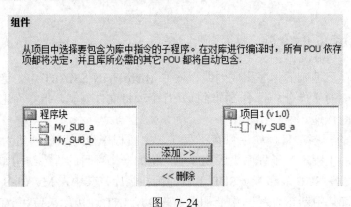

图　7-24

4）"保护"选项可选择是否要用密码保护库中的程序，以防止查看和编辑。要用密码保护库，请选中"是，对库中的代码进行密码保护"复选框，然后为库输入密码，并重新输入密码以进行验证，如图 7-25 所示。

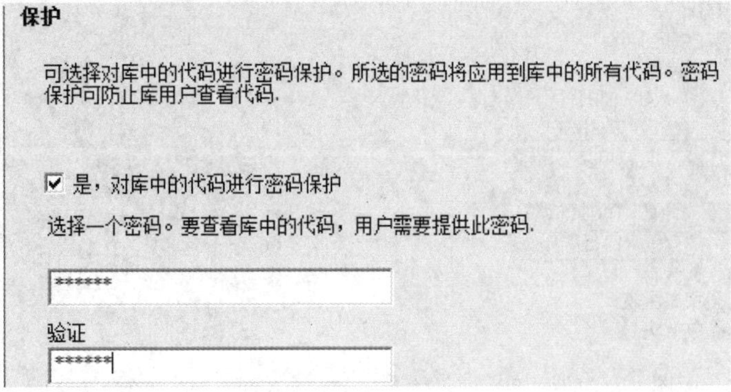

图　7-25

5）"版本生成"可设置要创建的库的版本，包括主次版本标识符，如图 7-26 所示。

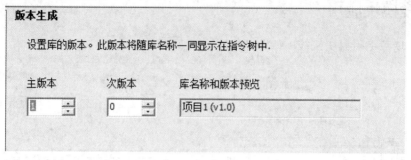

图　7-26

6）"生成"要创建库的组成部分，单击"创建"按钮，如图 7-27 所示。

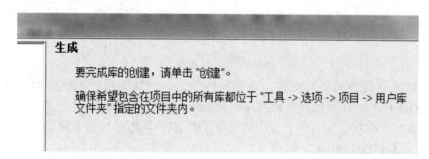

图　7-27

7）确保在"选项"窗口的"项目"节点中配置的用户库文件夹与您在"名称和路径"节点中使用的库文件夹为同一文件夹，单击"工具"菜单找到"选项"，如图 7-28 所示。

图　7-28

8）找到"选项"→"项目"中的"用户库文件夹"，如图 7-29 所示，指令库文件扩展名为 SMART\lib。库文件可以作为单独的文件进行复制和移动。

图　7-29

7.7 温度模块应用

（1）RTD 热电阻模块接线　如图 7-30 所示。

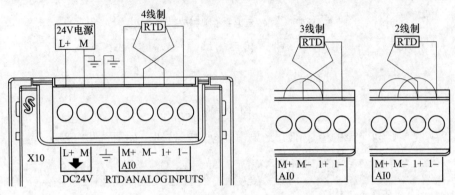

图 7-30

RTD 热电阻温度传感器有两线、三线和四线之分，其中四线传感器测温值最准确，S7-200 SMART EM RTD 模块支持两线制、三线制和四线制的 RTD 传感器信号，可以通过 PT100、PT1000、Ni100、Ni1000、Cu100 等常见的 RTD 温度传感器来测量。

（2）TC 模块接线　如图 7-31 所示。

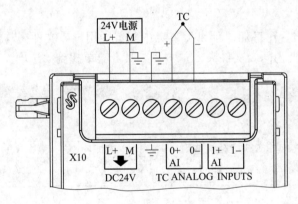

图 7-31

热电偶测量温度的基本原理是：两种不同成分的材质导体组成闭合回路，当两端存在温度梯度时回路中就会有电流通过，此时两端之间就存在电动势。S7-200 SMART EM TC 模块可以通过 J、K、T、E、R&S 和 N 型等热电偶温度传感器来测量。

（3）EM AR02 两路热电阻模块组态　如图 7-32 所示，选择传感器的类型及材质。

（4）转换程序　如图 7-33 所示，对于检测温度专用模块而言，采集温度时直接读取对应地址即可，不需要进行模数之间的转换程序。

（5）组态标准型模拟量模块——电压　如图 7-34 所示，当两个通道同时采集时，通道 0 和通道 1 必须保持一致，即"同流同压"。

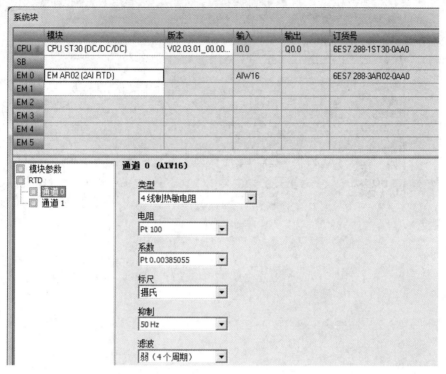

图　7-32

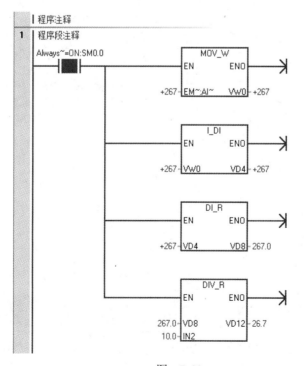

图　7-33

图 7-34

第8章 Modbus RTU 通信及以太网通信

8.1 Modbus 通信协议

Modbus 协议只有一个主站，可以有 1 ～ 247 个从站。此协议支持传统的 RS-232 接口、RS-422 接口、RS-485 接口和以太网设备，许多工业设备，包括 PLC、DCS、智能仪表等都在使用 Modbus 协议作为它们之间的通信标准。

当控制器设为在 Modbus 网络上以 RTU 模式通信，则在消息中的每个 8Bit 字节按照原值传送，不做处理，如 63H，RTU 将直接发送 01100011，这种方式的主要优点是数据帧传送之间没有间隔，相同波特率下传输数据的密度要比 ASCII 高，传输速度更快。

8.2 Modbus RTU 主站指令

1）Modbus 库指令如图 8-1 所示，Master 为主站 0 口；Master2 为主站 1 口；Slave 为从站，且从站只有 0 口。

2）西门子 Modbus 库主站 MBUS_CTRL 的主站定义参数如图 8-2 所示。

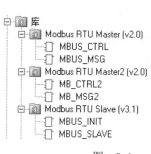

图 8-1

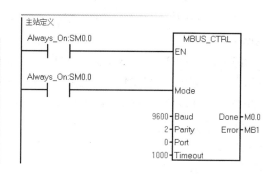

图 8-2

图 8-2 中符号说明如下：

EN：一直使能。

Mode：允许 Modbus 通信。

Baud：通信速率，波特率（主从一致），默认 9600。

Parity：奇偶校验，0 无校验、1 奇校验、2 偶校验（主从一致），默认偶校验。

Port：通信端口，0 口自带、1 口扩展（CM01 信号板）。

Timeout：最大等待时间，单位：ms。

Done：完成位。

Error：错误代码（当出现错误可以查看软件帮助中相对应的错误代码说明）。

3）西门子 Modbus 库主站 MBUS_MSG 的主站信息读写参数如图 8-3 所示。

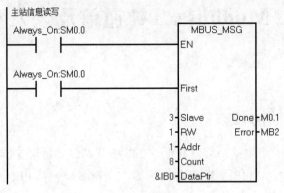

图 8-3

图 8-3 中符号说明如下：

EN：使能。

First：首次扫描用沿触发。

Slave：从站地址（1 ～ 247 主站默认 2 号站，从站地址除 2 以外）。

RW：读写操作，0 读、1 写。

Addr：读写地址功能码。

I0.0	I0.1	I0.2	以此类推	I1.0	
10001	10002	10003	以此类推	10009	
Q0.0	Q0.1	Q0.2	以此类推	Q1.0	
00001	00002	00003	以此类推	00009	
Aiw0	Aiw2	Aiw4	以此类推	Aiwn	Aiw100
30001	30002	30003	以此类推	30000+n/2+1	30000+100/2+1
VW0	VW2	VW4	以此类推	VWn	VW100
40001	40002	40003	以此类推	40000+n/2+1	40000+100/2+1

Count：数量。

DataPtr：数据指针（默认指主站而且是以字节的形式显示）。

Done：完成位。

Error：错误字节（当出现错误可以查看软件帮助中相对应的错误代码说明）。

STEP7-Micro/WIN SMART 和 S7-200 SMART CPU 支持两种 Modbus RTU 主站，对于单个 Modbus RTU 主站，使用指令 MBUS_CTRL 和 MBUS_MSG，在进行 0 口通信时应用。对于第二个 Modbus RTU 主站，使用指令 MBUS_CTRL2 和 MBUS_MSG2，在进行 1 口通信时应用。

如果要在项目中使用两个 Modbus 主站，则要确保 MBUS_CTRL 和 MB_CTRL2 使用不同的端口号。

MBUS_CTRL 写在主站里，不管有多少从站，只写一次。MBUS_MSG 写在主站里，比如有一个从站，主从互相控制，需要 2 条指令，一个读一个写，有多个从站，就写多个读写指令。

8.3　Modbus RTU 从站指令

1）西门子 Modbus 库从站 MBUS_CTRL 的从站定义参数如图 8-4 所示。

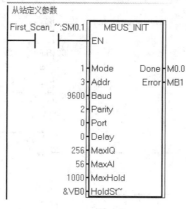

图　8-4

对图 8-4 中的符号说明如下：

EN：使能用沿触发。

Mode：允许 Modbus 通信。

Addr：从站地址（1 ～ 147）。

Baud：通信速率，波特率（主从一致）默认 9600。

Parity：奇偶校验 0 无校验、1 奇校验、2 偶校验（主从一致），默认偶校验。

Port：通信端口，0 口自带。

Delay：延时。

MaxIQ：最大输入输出点数：256。

MaxAI：最大模拟量输入：56。

MaxHold：最大缓存区。

HoldSt~：最大缓存区起始地址。

Done：完成位。

Error：错误字节。

2）西门子 Modbus 库从站 MBUS_SLAVE 的从站应答参数如图 8-5 所示。

图　8-5

8.4　通信程序编写 Modbus RTU 两台 PLC 互相控制通信示例

Modbus RTU 两台 PLC 分别用 I 点相互控制 Q 点，主站程序如图 8-6 所示，从站程序如图 8-7 所示。写从站程序需要注意，从站定义需要用沿触发，在系统块中记得更改从站 PLC 站地址。

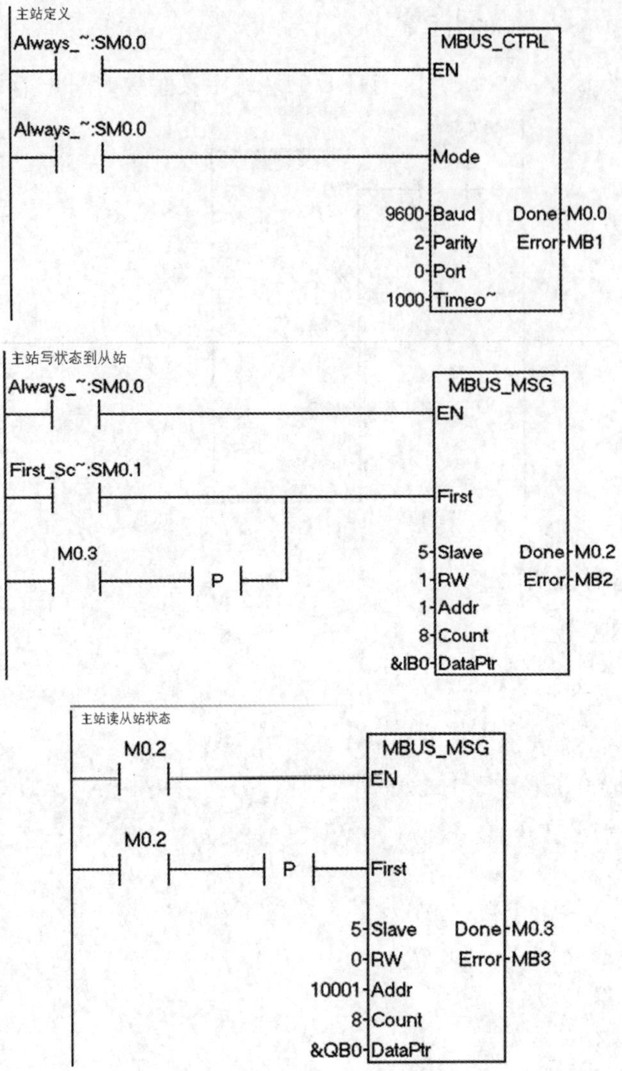

主站定义

```
Always_~:SM0.0                              MBUS_CTRL
   ┤├────────────────────────────────────EN

Always_~:SM0.0
   ┤├────────────────────────────────────Mode

                               9600─Baud    Done─M0.0
                                  2─Parity  Error─MB1
                                  0─Port
                               1000─Timeo~
```

主站写状态到从站

```
Always_~:SM0.0                              MBUS_MSG
   ┤├────────────────────────────────────EN

First_Sc~:SM0.1
   ┤├────────────────────────────────────First

   M0.3
   ┤├──────────────┤P├──┐
                               5─Slave     Done─M0.2
                               1─RW        Error─MB2
                               1─Addr
                               8─Count
                            &IB0─DataPtr
```

主站读从站状态

```
   M0.2                                     MBUS_MSG
   ┤├────────────────────────────────────EN

   M0.2
   ┤├──────────────┤P├──┤First

                               5─Slave     Done─M0.3
                               0─RW        Error─MB3
                           10001─Addr
                               8─Count
                            &QB0─DataPtr
```

图　8-6

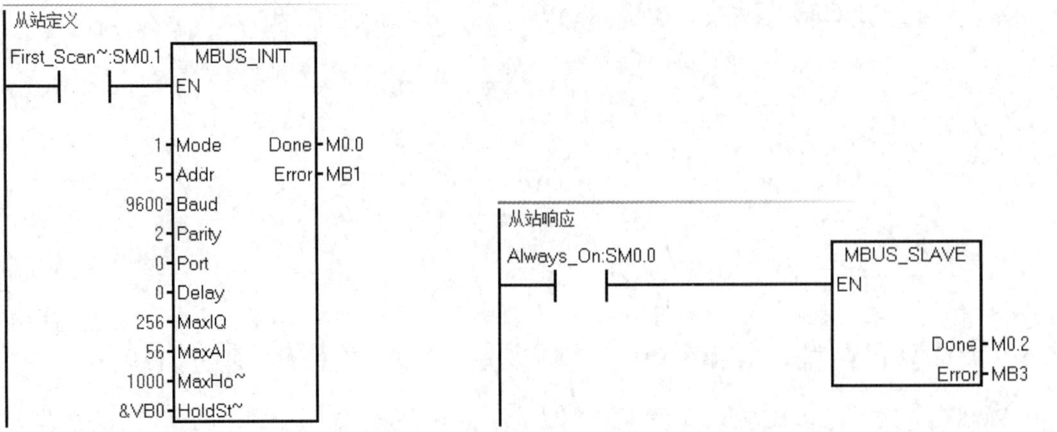

从站定义

```
First_Scan~:SM0.1    MBUS_INIT
   ┤├────────────┤EN

               1─Mode    Done─M0.0
               5─Addr   Error─MB1
            9600─Baud
               2─Parity
               0─Port
               0─Delay
             256─MaxIQ
              56─MaxAI
            1000─MaxHo~
            &VB0─HoldSt~
```

从站响应

```
Always_On:SM0.0                           MBUS_SLAVE
   ┤├────────────────────────────────────EN

                                          Done─M0.2
                                          Error─MB3
```

图　8-7

8.5　Modbus RTU 两台 PLC 星三角通信示例

两台 PLC，主站控制从站的星三角起动停止，主站 IW0 控制从站 VW0（I0.0-V0.0 起动，I0.1-V0.1 停止），主站程序如图 8-8 所示，从站程序如图 8-9 所示。

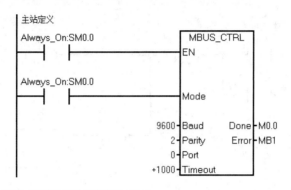

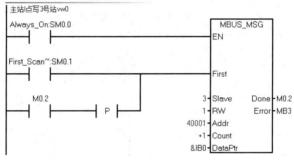

图　8-8

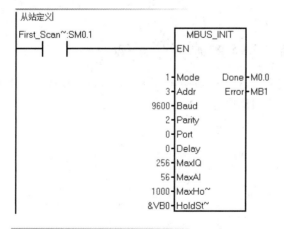

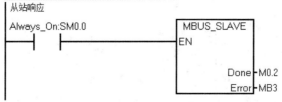

图　8-9

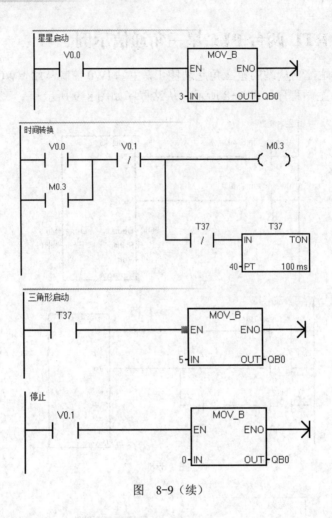

图 8-9（续）

8.6 Modbus RTU 三台 PLC 通信示例

1）三台 PLC 通信主站、3 号从站和 4 号从站，3 号和 4 号之间互相控制两台电动机的起停，如图 8-10 所示，控制程序如图 8-11 所示。

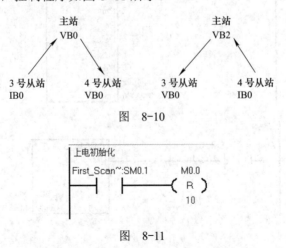

图 8-10

图 8-11

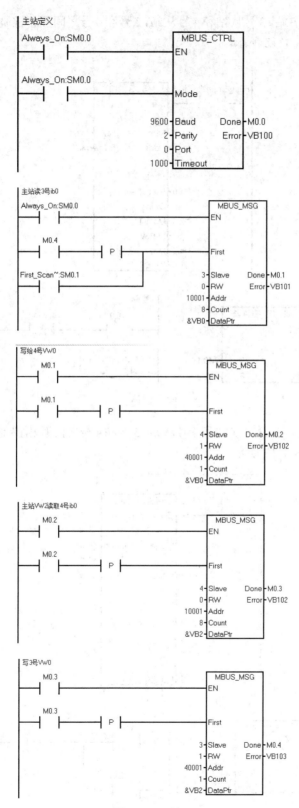

图　8-11（续）

2）三台 PLC 通信主站、3 号从站和 4 号从站，3 号和 4 号之间互相控制两台电动机的起停，3 号从站控制程序如图 8-12 所示。

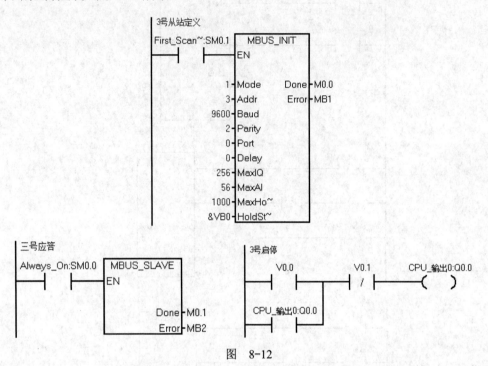

图　8-12

3）三台 PLC 通信主站、3 号从站和 4 号从站，3 号和 4 号之间互相控制两台电动机的起停，4 号从站控制程序如图 8-13 所示。

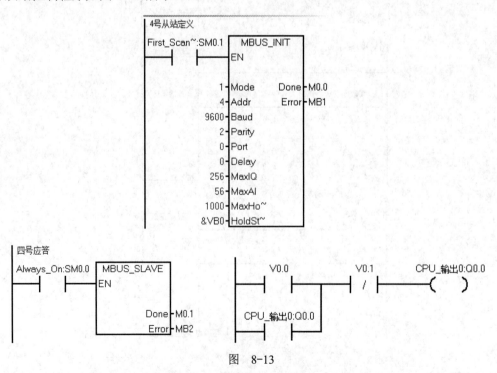

图　8-13

记得更改 3 号站和 4 号站在系统块内的地址，从站定义用沿来触发。最后记得在程序块中设置库存储区的分配，如图 8-14 所示。

图　8-14

8.7　S7-200 SMART 之间以太网通信

S7-200 SMART 通信以太网口应用如图 8-15 所示。

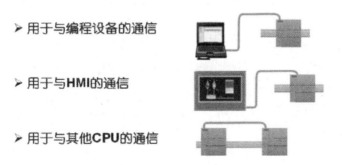

> 用于与编程设备的通信

> 用于与HMI的通信

> 用于与其他CPU的通信

图　8-15

两台 PLC 之间 PUT/GET 向导通信，PUT/GET 向导可以简化编程步骤。该向导最多允许组态 16 项独立 PUT/GET 操作，并生成代码块来协调这些操作，GET 指令可从远程站点读取最大 222B 的用户数据，PUT 指令可向远程站点写入最大 212B 的用户数据；大数据量的用户数据通信可以调用多个 GET/PUT 指令来实现，采用 GET/PUT 向导时每个操作的读写用户数据的最大个数为 200B。

硬件连接如图 8-16 所示，CSM1277 为网口交换机，计算机、PLC 应保证在同一个网段。

PUT/GET 向导编程步骤如下：

1) 在"工具"菜单的"向导"区域单击"Get/Put"按钮，或在左侧指令目录里启动 PUT/GET 向导，如图 8-17 所示。

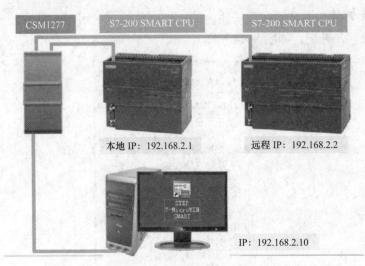

图 8-16

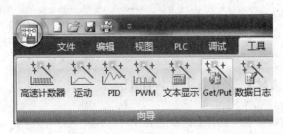

图 8-17

2）在弹出的 "Get/Put 向导" 界面中添加操作步骤名称并添加注释，如图 8-18 所示。

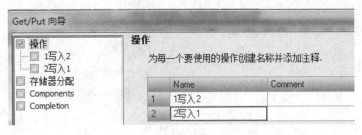

图 8-18

3）定义 PUT/GET，选择 Get 操作如图 8-19 所示。

选择操作类型，Put 或 Get，传送大小以字节为单位，定义远程 CPU 的 IP 地址，本地 CPU 的通信区域和起始地址，远程 CPU 的通信区域和起始地址，本地 CPU 读取远程 CPU 里 I 点的状态放在 Q 点。

4）定义 PUT/GET，选择 Put 操作如图 8-20 所示，选择操作类型，Put 或 Get，传送大小以字节为单位，定义远程 CPU 的 IP 地址，本地 CPU 的通信区域和起始地址，远程 CPU 的通信区域和起始地址，把本地 CPU 的 VB0 写给远程 CPU 的 VB0。

5）定义 PUT/GET 向导存储器地址分配，如图 8-21 所示。

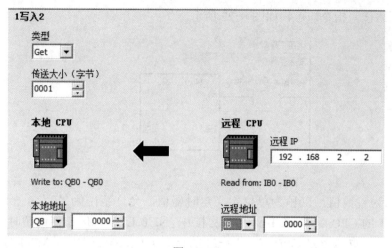

图　8-19

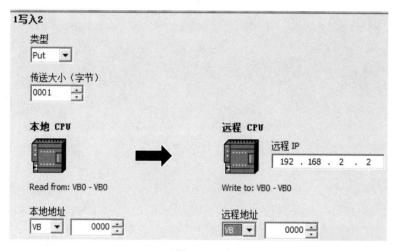

图　8-20

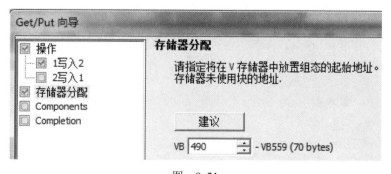

图　8-21

单击"建议"按钮，向导会自动分配存储器地址，需要确保程序中已经占用的地址、PUT/GET 向导中使用的通信区域不能与存储器分配的地址重复，否则将导致程序不能正常工作。

6）单击"生成"按钮，将自动生成网络读写指令以及符号表，只需在主程序中调用向导所生成的网络读写指令即可，如图 8-22 所示。

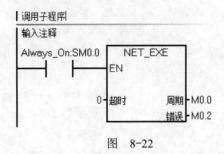

图 8-22

超时输入为整数值，以秒为单位定义定时器值，允许范围为"0"，无通信延时，在 S7-200 SMART 的 CPU 版本 V2.1 及更高版本中，NET_EXE 代码不使用超时输入，设置超时输入为 0，周期也就是完成位，当图 8-22 的指令读写数据正常时，M0.0 的状态是 1；如果没有完成，则 M0.0 状态是 0。错误位，当发生错误时，M0.2 的值为 1；当没有错误时，M0.2 的值为 0。

第 9 章　西门子 V20 变频器应用

9.1　变频器简介

变频器是一种能够简单、自由地改变输出交流电压和频率的电源装置。其主要用于实现交流电动机的无级调速、精确控制电动机、保护电动机、实现软起动或软停止以及节能等功能。

9.2　变频器安装与接线

西门子 V20 变频器接线如图 9-1 所示。

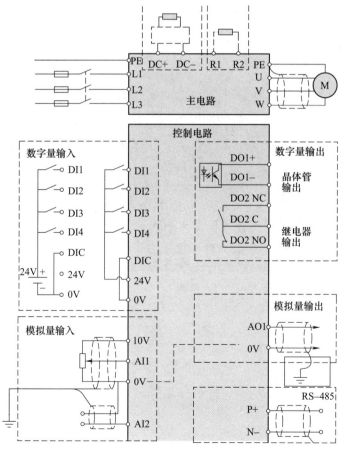

图　9-1

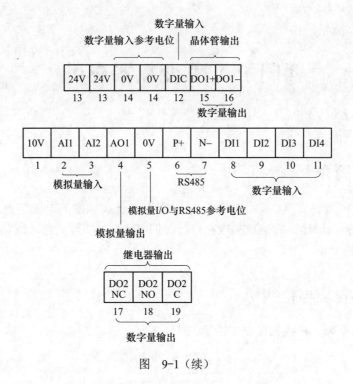

图　9-1（续）

变频器面板如图 9-2 所示。面板各按钮功能介绍如下：

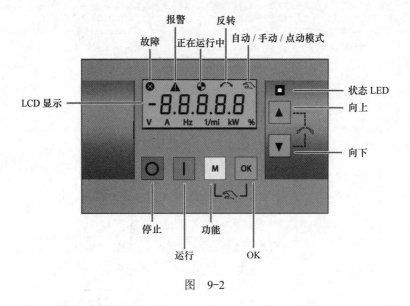

图　9-2

1）停止：单击该按钮用来停止运行。

2）运行：若变频器在"手动"/"点动"/"自动"运行模式下起动，则如图 9-2 所示显示变频器正在运行中的模式图标。

3）M: 短按 <2s：

①进入参数设置菜单或者转至设置菜单的下一显示画面。

② 就当前所选项重新开始按位编辑。

③ 返回故障代码显示画面。

④ 在按位编辑模式下连按两次即返回编辑前画面。

M：短按 >2s：

① 返回状态显示画面。

② 进入设置菜单。

4）OK：短按 <2s：

① 在状态显示数值间切换。

② 进入数值编辑模式或换至下一位。

③ 清除故障。

④ 返回故障代码显示画面。

OK：短按 >2s：

① 快速编辑参数号或参数值。

② 访问故障信息。

5）上下键组合：使电动机反转。按下该组合键一次，起动电动机反转。再次按下该组合键，撤销电动机反转。变频器上显示如图 9-2 所示反转图标，表明输出转速与设定值相反。

9.3　变频器参数设置

1. 快速调试，恢复出厂设置

P0010=30：恢复出厂设置。

P970=21：参数复位为出厂默认设置并清除用户默认设置。

P003=3：用户访问等级的设定。

2. 电动机参数的设置

初始化完成后，要对电动机参数进行修改。具体如下：

P0100=0（50Hz），P0304=1（电动机额定电压），P0305=1（电动机额定电压），P0307=1（电动机额定功率），P0308=1（电动机额定功率因数），P0310=1（电动机额定频率），P0311=1（电动机额定转速），P1900=2（静止时识别所有参数）。

3. 命令来源参数设置

命令来源有以下几种方式，参数设置 P0700。

1）当 P0700=1 时，命令来源于变频器的操作面板，运行停止。

2）当 P0700=2 时，命令来源于变频器的多功能端子，通过按钮来控制变频器的起动停止。

3）当 P0700=5 时，命令来源于 Modbus 通信，通过 PLC 来控制变频器的起动和停止。

以上三种方式都可以控制变频器的起停。当 P0700=2 时，命令来源于变频器的多功能端子的时候，要定义一个数字量输入端子作为变频器端子起动的起动按钮，如图 9-3 所示。

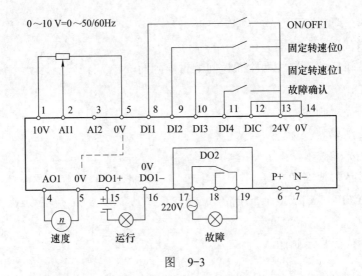

图 9-3

当使用 DI 数字量输入端子时，DI 的公共端 DIC 要和 0V 短接，并且通过 P701=1 来定义，使用 DI1 数字量输入端子中间连接按钮来控制变频器启停。

4. 频率来源参数设置

频率来源有以下几种方式，参数设置 P1000。

1）当 P1000=0 时，频率来源于变频器的操作面板上下键给定频率。

2）当 P1000=2 时，频率来源于变频器的多功能模拟量输入端子，模拟量给定频率。

3）当 P1000=5 时，频率来源于 Modbus 通信，通过 PLC 来给定变频器的频率。

同样，以上三种方式都可以控制变频器的频率。当 P1000=2 时，频率来源于变频器的多功能端子模拟量输入时，变频器模拟量控制接线如图 9-4 所示。

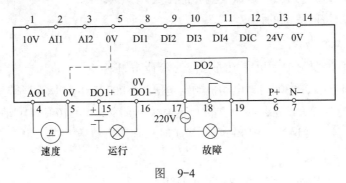

图 9-4

5. 端子控制和宏程序的连接

端子控制和宏程序的参数设置如图 9-5 所示。P700=2（选择命令源）；P701=10 或 1，数字量输入 1（正转），P702=2，数字量输入 2（反转）。P1058（正向点动频率）；P1080 反向频率；P703=9，故障确认（复位）；P1032=P1110=0；允许反向。设置连接宏 Cn002（通过端子控制），设置连接宏的方法：开机进入参数菜单，长按 M 键（>2s），松开，然后再长按 M 键（>2s），指示灯开始闪烁，进入调试模式，再按一下 M 键，进入连接宏界面。设置完成后，长按 M 键（>2s），退出调试模式。

连　接　宏	描　　述
Cn000	出厂默认值。不更改任何参数设置
Cn001	BOP 为唯一控制源
Cn002	通过端子控制（PNP/NPN）
Cn003	固定转速
Cn004	二进制模式下的固定转速
Cn005	模拟量输入及固定频率
Cn006	外部按钮控制
Cn007	外部按钮与模拟量设定值组合
Cn008	PID 控制与模拟量输入参考组合
Cn009	PID 控制与固定值参考组合
Cn010	USS 控制
Cn011	Modbus RTU 控制

图　9-5

9.4　PLC 和变频器通信

当 PLC 和变频器走 Modbus 通信时，参数设置如下：出厂复位：（P0010=30，P0970=21）变频器定义参数：P003=3（访问级别 3：专家）。选择命令源 P700=5（出厂默认设置 P700=0；当 P700=1，操作面板有效，当 P700=2，端子有效，P700=5，RS-485 上的 Modbus），选择频率来源 P1000=5（RS-485 上的 Modbus），P2023=2（RS-485 协议选择，2：Modbus），P2010=6（波特率 9600），P2021=3（Modbus 地址），P2034=2（偶校验），P2035=1（RS-485 上的 Modbus 停止位 1：一个停止位），P2014=0（Modbus 报文间断时间），Cn011（Modbus RTU 控制），控制字：40100，频率：40101，读状态：40110，16#47E（运行准备），16#47F（正转），16#C7F（反转），16#57E（正点动），16#67E（反点动），16#4FE（故障确认）。

控制程序如图 9-6 所示。

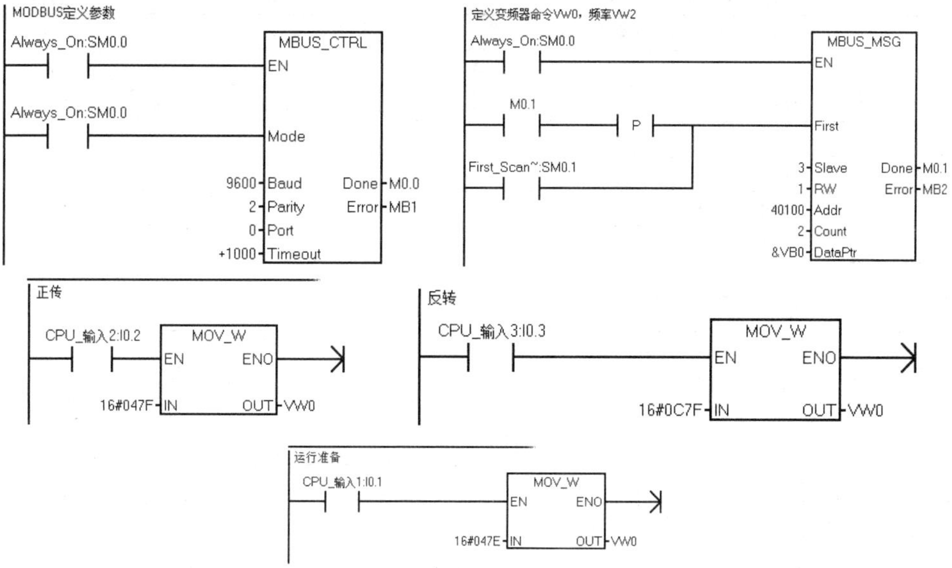

图　9-6

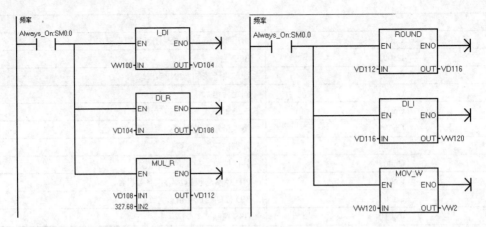

图 9-6（续）

变频器频率的计算，16#4000 对应 50Hz，那么 1Hz 对应 327.68，所以在给定频率时，假如需要 30Hz，则 30×326.78=9803.4，当 VW2 输入 9803 时，变频器显示 30Hz。

控制字的选择：2#0000010001111110（运行准备）、2#0000010001111111（正转）、2#0000110001111111（反转）、2#0000010101111110（正点动）、2#0000011001111110（反点动）、2#0000010011111110（故障确认）。如图 9-7 所示，位 00～位 15 占 1 个 W 的地址，也就是 16 位，用二进制形式表示为 2#0000000000000000。比如运行准备二进制 2#0000010001111110（图 9-8），二进制数从右向左，第一个 0 对应图 9-7 的 00 位，第二个 1 对应图 9-7 的 01 位，以此类推。

位	信号名称	1 信号	0 信号
00	ON/OFF1	是	否
01	OFF2：电气停车	否	是
02	OFF3：快速停车	否	是
03	脉冲使能	是	否
04	RFG（斜坡函数发生器）使能	是	否
05	RFG（斜坡函数发生器）启动	是	否
06	设定值使能	是	否
07	故障确认	是	否
08	正向点动	是	否
09	反向点动	是	否
10	由 PLC 控制	是	否
11	反向（设定值反相）	是	否
12	保留		
13	电动电位计 MOP 升速	是	否
14	电动电位计 MOP 降速	是	否
15	CDS 位 0（手动 / 自动）	是	否

图 9-7

位	15	14	13	12	11	10	09	08	07	06	05	04	03	02	01	00
2#	0	0	0	0	0	1	0	0	0	1	1	1	1	1	1	0
	否	否	否	否	否	是	否	否	否	是	是	是	是	否	否	是

图 9-8

第 10 章　西门子 V90 伺服电动机

10.1　伺服电动机简介

伺服电动机的概念如下：

伺服电动机将电压信号转换为转矩和转速，交流伺服驱动系统为闭环控制，驱动器可直接对电动机编码器反馈信号进行采样，内部构成位置环和速度环，一般不会出现步进电动机的丢步现象或冲过现象，控制性能更为可靠，多样化、智能化的控制方式，其控制方式一般分为位置 / 转速 / 转矩方式等。

10.2　伺服电动机的接线及调试

1. 西门子 V90 伺服电动机的接线

西门子 V90 伺服电动机伺服驱动器 CN1 的接线端口如图 10-1 所示。

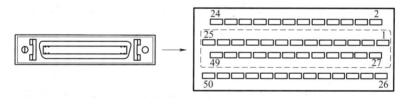

图　10-1

西门子 V90 伺服电动机脉冲型驱动器和 PLC 高速脉冲控制接线如图 10-2 所示。

36	A 相 24V 脉冲输入，正向		15	A 相 5V 高速差分编码器脉冲输出（+）
37	A 相 24V 脉冲输入，接地		16	A 相 5V 高速差分编码器脉冲输出（−）
38	B 相 24V 脉冲输入，正向		40	B 相 5V 高速差分编码器脉冲输出（+）
39	B 相 24V 脉冲输入，接地		41	B 相 5V 高速差分编码器脉冲输出（−）
3	数字量输入信号公共端			
4	数字量输入信号公共端			
5	数字量输入 1（使能）			
6	数字输入量 2	RESE：复位报警		
7	数字输入量 3	CWL：顺时针超行程限制（正限位）1= 运行条件 0= 急停		
8	数字输入量 4	CCWL：逆时针超行程限制（负限位）1= 运行条件 0= 急停		
13	数字输入量 9	EMGS：急停		

图　10-2

在用脉冲控制时，接入 A 相 24V 脉冲输入是因为伺服驱动器接收 24V 信号，PLC 输出电压也是 24V；当接入 A 相 5V 脉冲输入时，驱动器接收 5V 信号，PLC 输出 24V 电压，中间需要串电阻进行降压。

伺服电动机控制方式选择脉冲加方向的控制方式，36 号针接 PLC 输出点 Q0.0，38 号针接 PLC 输出点 Q0.2，37 号针和 39 号针短接，接 PLC 的输出点公共端。5 号针为伺服驱动器的使能，3 号针和 4 号针分别是数字量输入公共端接 0V，6 号针是报警复位按钮，7 号针为正向限位，8 号是逆向限位，13 号针是紧急停止按钮，通过设置参数 P29300（数字量输入强制信号）可将图 10-3 所示 7 个信号强制为逻辑 1。

SON	伺服开启 1= 接通电源电路，使伺服驱动准备就绪 0= 电动机停车					
CWL	顺时针超行程限制（正限位）1= 运行条件 0= 急停					
CCWL	逆时针超行程限制（负限位）1= 运行条件 0= 急停					
TLIM1	选择转矩限制					
SPD1	旋转速度模式：内部速度设定值					
TSET	选择转矩设定值					
EMGS	急停					
位 6	位 5	位 4	位 3	位 2	位 1	位 0
EMGS	TSET	SPD1	TLIMI	CCWL	CWL	SON

图　10-3

2. 基本调试

将 5 号、7 号、8 号、13 号针接 24V，也可以通过设置 P29300=47 使能强制（逻辑 1），但不建议将 5 号针（使能）也强制。即 P29300=46 使能不强制。当出现 F7491/F7492 负 / 正限位报警时，应该接入 8 号针和 7 号针，或者强制 P29300=47。测试程序先在 PLC 里写入伺服电动机的测试程序如图 10-4。第一步：修改伺服驱动器参数，P29300=46，P29011=10000（每转设定值脉冲数）。第二步：将 I0.1 按下，触发脉冲输出，输出 10000 个脉冲，电动机转动一圈，将 I0.6 按下，电动机反转，将 I0.5 按下，电动机停止。

3. 电子齿轮比

电子齿轮比是用于脉冲设定值倍乘系数，通过分子和分母实现，分子 P29012［0］和分母 P29013 的比值，我们已经知道 1 个脉冲电动机转的角度就是步距角。电动机转 1 圈的距离即螺距。P29011：电动机转 1 圈所需的脉冲数（设定值脉冲数的地址），如图 10-4 所示，当电子齿轮比为 1:1 时，PLC 发 10000 个脉冲数伺服电动机转 1 圈，当电子齿轮比为 1:8 时，PLC 发 10000 个脉冲数伺服电动机转 45°，当电子齿轮比为 10:1 时，PLC 发 10000 个脉冲数伺服电动机转 10 圈。所以我们可以通过两种方式，通过 PLC 发固定的脉冲数，改变电动机转的圈数。第一种 PLC 发固定脉冲数，改变 P29011，电动机转 1 圈所需的脉冲数。第二种：PLC 发固定的脉冲数，改变电子齿轮比的比值，从而改变电动机圈数。

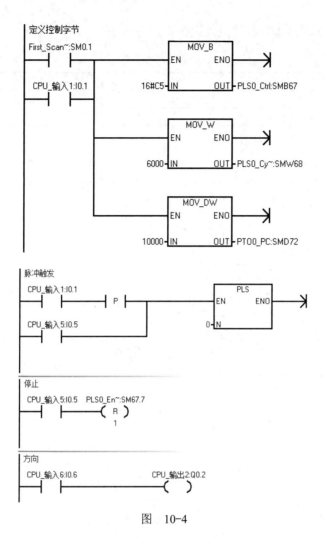

图　10-4

10.3　伺服电动机 Modbus 速度控制

伺服电动机在进行 Modbus 通信速度控制时，首先设置通信协议，选择 Modbus 功能码地址，主要功能码对应位的选择。

1）Modbus 通信：通过 Modbus 通信实现 V90 的速度控制，V90 参数设置见表 10-1。

表　10-1

P29003=2	速度控制模式
P29303[0]=3	信号 CWL 分配至数字量输入 3（正限位）
P29304[0]=4	信号 CCWL 分配至数字量输入 4（负限位）
P29004=3	Modbus 站地址
P29007=2	设置通信协议为 Modbus 协议
P29008=1	选择 Modbus 控制源
P29009=6	设置传输波特率为 9600 波特

2）PLC Modbus 功能码寄存器地址说明见表 10-2。

表 10-2

寄存器编号	描　述
40100	IPOS 控制模式控制字
40101	速度设定值

3）控制字的状态说明见表 10-3。

表 10-3

位	描　述
0	1：通过上升沿伺服使能（脉冲可以被使能）
	0：OFF1（通过斜坡函数发生器停止，脉冲被取消，准备通电就绪）
1	1：无 OFF2（允许使能）
	0：OFF2（立即取消脉冲，通电被禁止）
2	1：无 OFF3（允许使能）
	0：OFF3（快速停止，脉冲被消除且通电被禁止）
3	1：允许运行（脉冲可以被使能）
	0：禁止运行（取消脉冲）
4	1：运行条件（斜坡函数发生器可以被使能）
	0：禁用斜坡函数发生器（设置斜坡函数发生器的输出为零）
5	预留
6	预留
7	复位故障
8	预留
9	预留
10	使能 PLC 的控制权
11	旋转方向反转

4）PLC 的编程如图 10-5 所示。初始化 Modbus 通信接口，需确保 PLC 的波特率与驱动设置一致，设置 PLC 校检方式为偶校验 Parity=2。

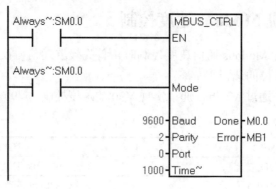

图 10-5

通过寄存器 40100 写入需要的控制字。必须设置寄存器 40100 的位 10、位 1 以允许 PLC 控制驱动。需要 OFF1 的上升沿将电动机设置为伺服使能状态，OFF2 和 OFF3 必须设置为 1. 先将 16#41E 写入寄存器 40100 中，然后再写入 16#41F，启动驱动器，如图 10-6 所示。

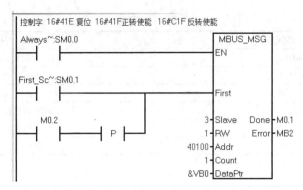

图　10-6

将速度设定值写入寄存器 40101 中，16#4000 代表电动机额定转速的值，如图 10-7 所示。

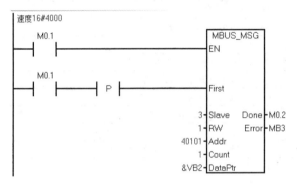

图　10-7

10.4　伺服电动机 Modbus 位置控制

伺服电动机在进行 Modbus 通信进行位置控制时，首先设置通信协议，再选择位置控制功能码地址，主要是功能码所对应的位选择。

1）通过 Modbus 通信实现 V90 内部位置控制，V90 参数设置见表 10-4。

表　10-4

P29003=1	内部位置控制模式
P29303[0]=3	信号 CWL 分配至数字量输入 3（正限位）
P29304[0]=4	信号 CCWL 分配至数字量输入 4（负限位）
P29004=3	Modbus 站地址
P29007=2	设置通信协议为 Modbus 协议
P29008=1	选择 Modbus 控制源
P29009=6	设置传输波特率为 9600 波特

2）通过 Modbus 通信实现 V90 内部位置控制，PLC 对应的功能码地址见表 10-5，每一位具体内容见表 10-6。

表 10-5

寄存器编号	描　述
40100	IPOS 控制模式控制字
40932/40933	MDI 速度设定值
40934	MDI 加速度倍率
40935	MDI 减速度倍率
40102	位置设定值高字
40103	位置设定值低字

表 10-6

位	描　述
0	1：通过上升沿使能伺服
	0：驱动通过斜坡函数发生器停止，脉冲被取消
1	1：OFF2=1，允许使能
	0：OFF2=0，立即取消脉冲
2	1：OFF3=1，允许使能
	0：OFF3=0 快速停止，脉冲被消除
3	1：允许运行（脉冲可以被使能）
	0：禁止运行（取消脉冲）
4	触发上升沿来接收 MDI 设定值
5	1：立即接收新的设定值
	0：通过触发上升沿来接收新的设定值
6	1：绝对定位
	0：相对定位
7	复位故障
8	保留
9	保留
10	使能 PLC 的控制权
11	保留
12	保留
13	启动回参考点（对于 P29240=0，通过 REF 信号回参考点）
14	保留
15	保留

3）PLC 的编程如图 10-8 所示，初始化 Modbus 通信接口，需确保 PLC 的波特率与驱动设置一致，设置 PLC 校验方式为偶校验 Parity=2。

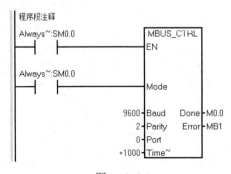

图　10-8

通过寄存器 40100 写入需要的控制字。必须设置寄存器 40100 的位 10、位 1 以允许 PLC 控制驱动。使能驱动器，先将 16#40E 写入寄存器 40100 中，然后再写入 16#40F。通过 MBUS_MSG 功能块，将位置设定值和速度设定值写入寄存器 40102、40103、40932、40933、40934 和 40935，如图 10-9 所示。

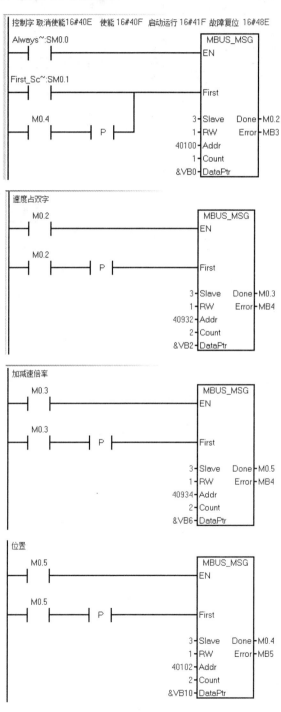

图　10-9

10.5 伺服电动机 P 参数保存及出厂恢复

1. 保存参数（RAM 至 ROM）

此功能用于将驱动 RAM 中的参数集保存至 ROM。要使用保存功能，如图 10-10 所示。

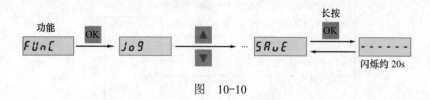

图 10-10

2. 恢复参数的出厂设置

此功能用于将所有参数恢复出厂设置。要恢复参数的出厂设置，如图 10-11 所示。

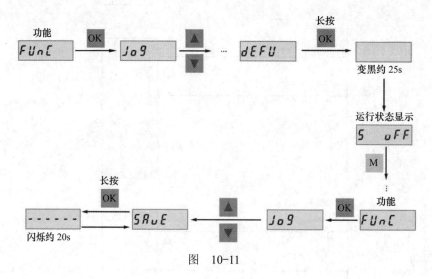

图 10-11

第11章　PID 控制器

11.1　PID 控制器简介

PID 闭环自动控制技术都是基于反馈的概念以减少不确定性。反馈理论的要素包括三个部分：测量、比较和执行。测量环节关键的是测量出被控变量的实际值，与期望值相比较，用这个偏差来纠正系统的响应，执行调节控制。在工程实际中，应用最为广泛的调节器控制规律为比例、积分、微分控制，简称 PID 控制，又称 PID 调节，PID 控制就是根据系统的误差，利用比例、积分、微分计算出控制量进行控制的。

11.2　PID 向导配置

S7-200 SMART CPU 最多可以支持 8 路 PID。PID 向导配置步骤如下：

1）选择 PID 回路号控制，如图 11-1 所示。

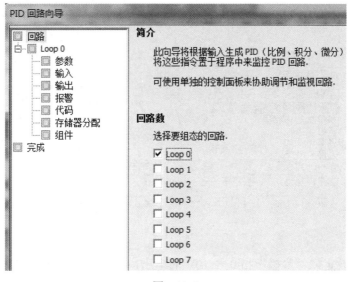

图　11-1

2）对其进行重命名设置，如图 11-2 所示。

3）设定参数，如图 11-3 所示，手动调节时，先设定比例，再设定积分，最后设定微分。

4）模拟量输入信号采集，如图 11-4 所示。

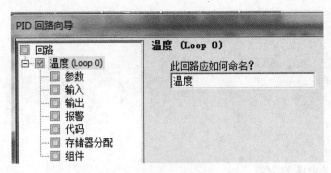

图 11-2

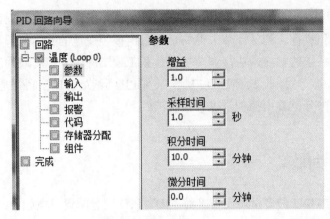

图 11-3

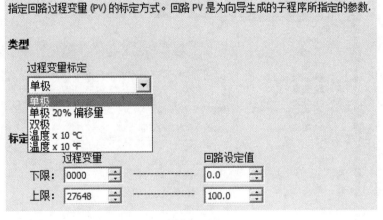

图 11-4

过程变量的设定，"单极"指 0 ～ 10V 的电压，"双极"指 0 ～ ±5V 的电压，"单极 20% 的偏移量"是指 4 ～ 20mA 电流，"温度 ×10℃"指专用温度模块测温度，当改变过程变量的标定，过程变量也跟着变动。

5）模拟量输出类型选择，如图 11-5 所示。

模拟量输出和输入一样，"单极"指 0 ～ 10V 的电压，"双极"指 0 ～ ±5V，"单极 20% 的偏移量"是指 4 ～ 20mA 电流。

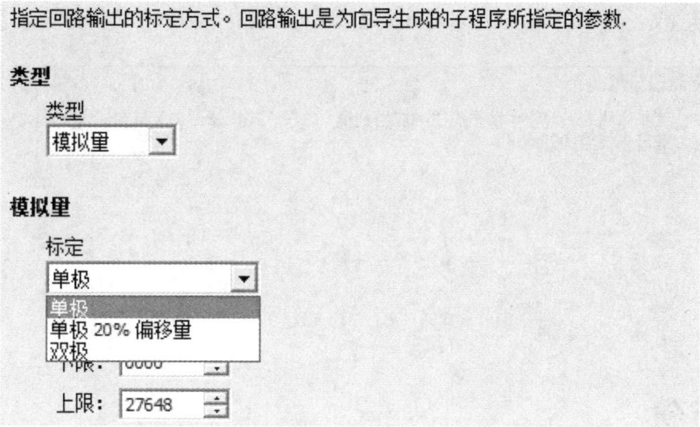

指定回路输出的标定方式。回路输出是为向导生成的子程序所指定的参数.

类型

类型
模拟量

模拟量

标定
单极

单极
单极 20% 偏移量
双极

下限：0000
上限：27648

图　11-5

6）上下线报警，如图 11-6 所示。标准化下限报警值 0.1，比如检测 0 ～ 100℃温度，下限值 0.1 也就是 100℃的 0.1 为 10℃，当温度低于 10℃报警，标准化上限报警值 0.9，比如检测 0 ～ 100℃温度，上限值 0.9 也就是 100℃的 0.9 为 90℃，当温度高于 90℃报警，上下限标准值可以根据现场实际情况更改。

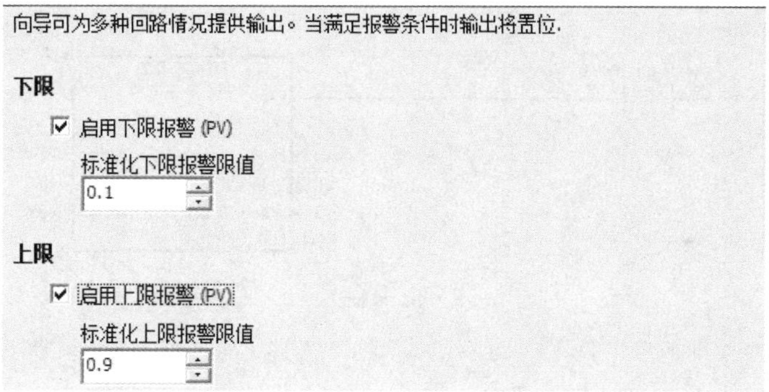

向导可为多种回路情况提供输出。当满足报警条件时输出将置位.

下限

☑ 启用下限报警 (PV)
标准化下限报警限值
0.1

上限

☑ 启用上限报警 (PV)
标准化上限报警限值
0.9

图　11-6

7）创建子程序是否允许手动调整 PID，如图 11-7 所示，如果不勾选"添加 PID 的手动控制"，PLC 进行自整定；如果勾选，可以通过 PID 手动面板进行调试。

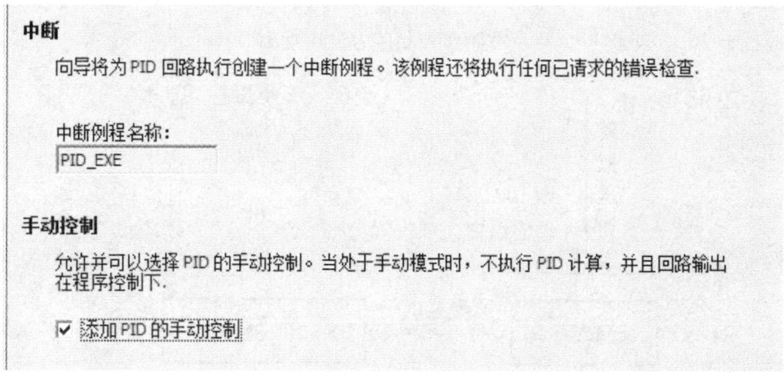

中断

向导将为 PID 回路执行创建一个中断例程。该例程还将执行任何已请求的错误检查.

中断例程名称:
PID_EXE

手动控制

允许并可以选择 PID 的手动控制。当处于手动模式时，不执行 PID 计算，并且回路输出在程序控制下.

☑ 添加 PID 的手动控制

图　11-7

8）向导创建完成，分配 V 区地址，避免和自己写的程序 V 区重复，如图 11-8 所示。

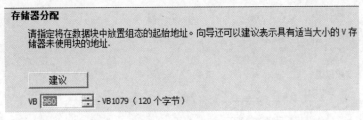

图 11-8

11.3 PID 指令

向导配置完成以后会生成子程序，主程序调用 PID 子程序如图 11-9 所示。PV-I，模拟量采集通道；Setpoint 为设定值；Auto 为手自动选择，M0、0 处于"开启"状态才能实现自动模式控制，处于"关闭"状态才能实现手动模式控制；ManualOutput 为手动输出，VD4 的值为 0.0 ～ 1.0 之间的实数，比如实际工程值为 0 ～ 50℃，1.0 对应 50℃，0.5 对应 25℃；Output 为模拟量输出 0 ～ 10V 或者 4 ～ 20mA 用来控制变频器；HighAlarm 为上限报警，LowAlarm 为下限报警。

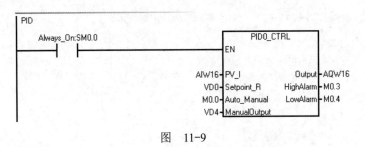

图 11-9

11.4 PID 控制流程

PID 采集控制流程：首先温度/压力传感器检测温度或者压力给模拟量模块，模拟量模块和 PLC 之间进行 A/D 转化，并由模拟量模块输出电压电流的模拟信号来控制变频器，变频器控制温度/压力增大或减少，如图 11-10 所示。

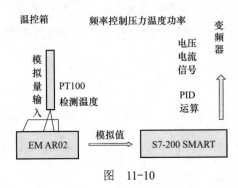

图 11-10

第 12 章　工程案例及实训指导

12.1　步进案例

1）按起动按钮，电动机正转 3000 脉冲，停 1s，反转 3000 脉冲，停 1s，然后再正转，如此循环，按停止按钮，立刻停止，如图 12-1 所示。

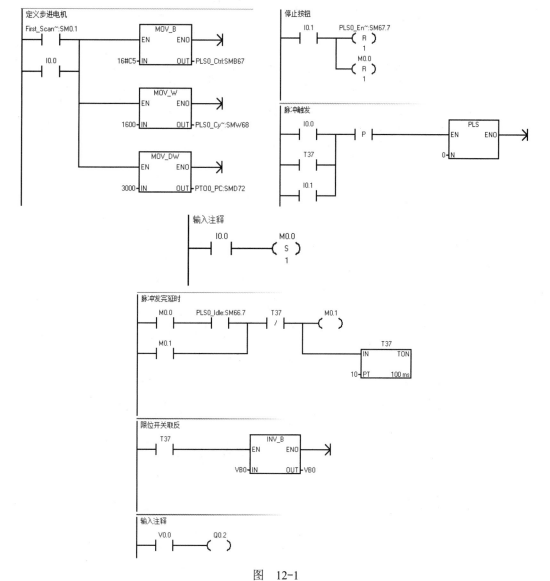

图　12-1

按下起动按钮 I0.0,定义控制字节、频率和脉冲数,并触发脉冲,当 3000 脉冲发送完成后,用状态位 SM66.7 延时 1s,当 1s 时间到,用定时器 T37 继续触发脉冲和方向 Q0.2,进行反转 3000 脉冲,当 3000 脉冲发送完成后,用状态位 SM66.7 继续延时 1s,然后再正转,如此循环,按下停止按钮 I0.1,复位脉冲输出,并且触发 PLS 指令,立刻停止。

2) 双速带参数子程序步进电动机如图 12-2 所示。

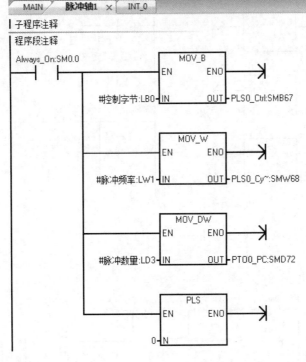

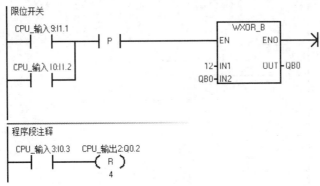

图 12-2

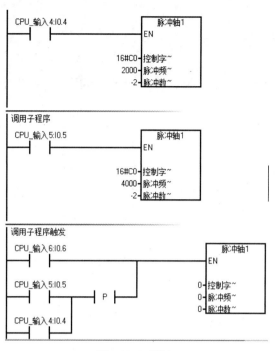

图　12-2（续）

　　首先对步进电动机控制字节，频率和脉冲数在子程序变量表中定义；然后在主程序中调用子程序，当按下 I0.4，步进电动机以 2000 的频率一直运转，当按下 I0.5，步进电动机以 4000 的频率一直运转，按下 I0.6 急停。

12.2　高速计数器在定长切断中的应用

　　1）中断程序嵌套如图 12-3 所示。

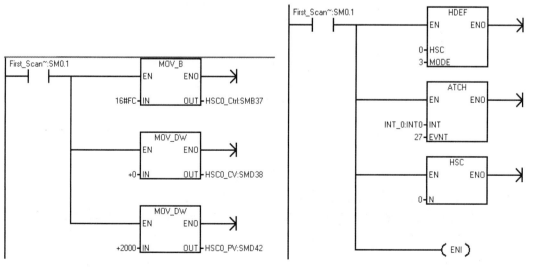

图　12-3

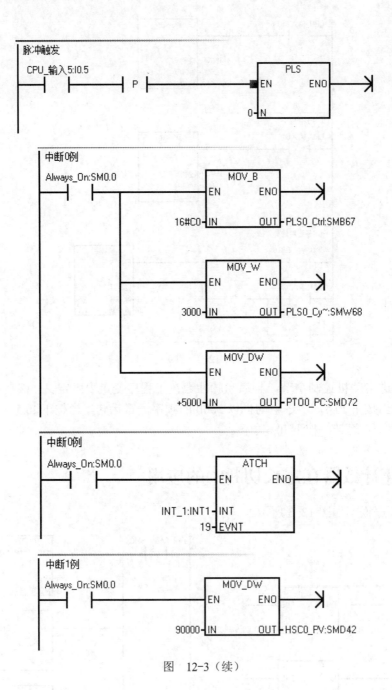

图　12-3（续）

　　首先定义高速计数器。用 0 号高速计数器的 3 号模式，并且连接 27 号中断，即 HSC0 方向改变时产生中断，然后在中断 0 编写步进电动机的程序，在中断 1 编写更改高速计数器预设值程序，当高速计数器方向改变时，执行 0 号中断程序，并执行 19 号中断，脉冲计数完成产生中断，当步进电动机脉冲发送完成以后，执行 1 号中断程序，对高速计数器预设值更改。

　　2）编码器定长如图 12-4 所示。

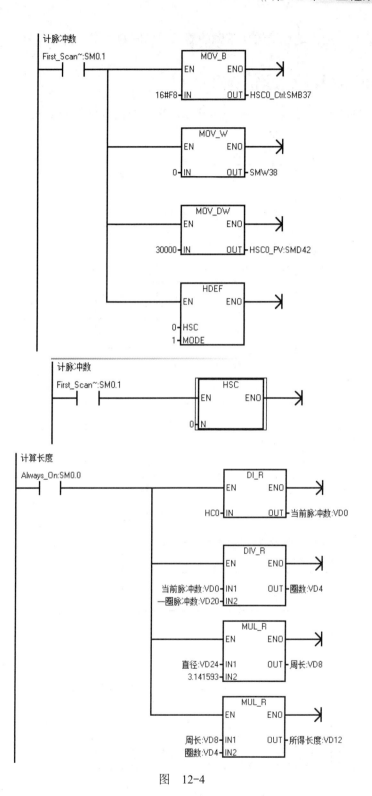

图 12-4

首先定义高速计数器，用 0 号高速计数器 1 号模式进行计数，并把高速计数器当前值 HC0 的值传送到 VD0，用当前值 VD0 除以高速计数器一圈所需要的脉冲数，得到高速计数器所转的圈数；然后用高速计数器所带轴的周长乘以圈数，得出实际长度。

12.3 Modbus RTU 通信案例

1）S7-200 SMART 和台达 L 系列变频器 Modbus 通信程序如图 12-5 所示。

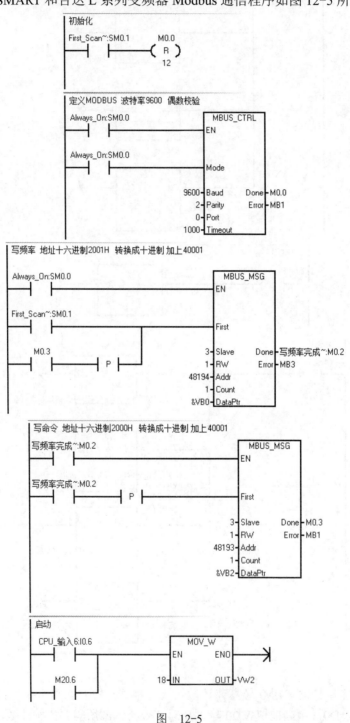

图 12-5

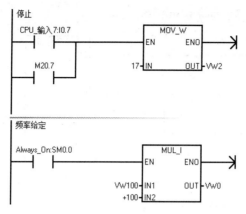

图　12-5（续）

当变频器和 PLC 进行 Modbus 通信时，首先要确定变频器命令来源和频率来源，确定命令和频率功能码地址如图 12-6 所示，将命令 2000H 转换为十进制加上 40001，就是变频器命令功能码地址；然后通过写指令进行控制。

内容	位址	功能	
交流电动机驱动器参数	ggnnH	gg 表示参数群，nn 表示参数。例如：0401H 表示参数（4-01），各参数功能请参照前文所述。当借由命令码 03H 取参数时，一次只能读取一个参数值。	
读取	0BnnH	每个参数群的最大参数号码，nn 代表参数群，例如 0B00H 为传回参数群 0 的最大参数号码	
命令	2000H	Bit 0～1	00：无功能

2001H	频率命令	
2002H	Bit 0	1：EF（external fault）指令
	Bit 1	1：重置指令
	Bit 2～15	未使用

图　12-6

2）S7-200 SMART 和欧姆龙系列变频器 Modbus 通信程序如图 12-7 所示。

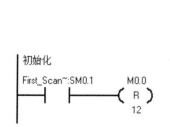

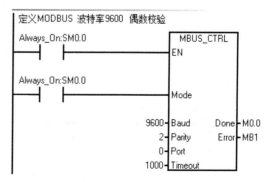

图　12-7

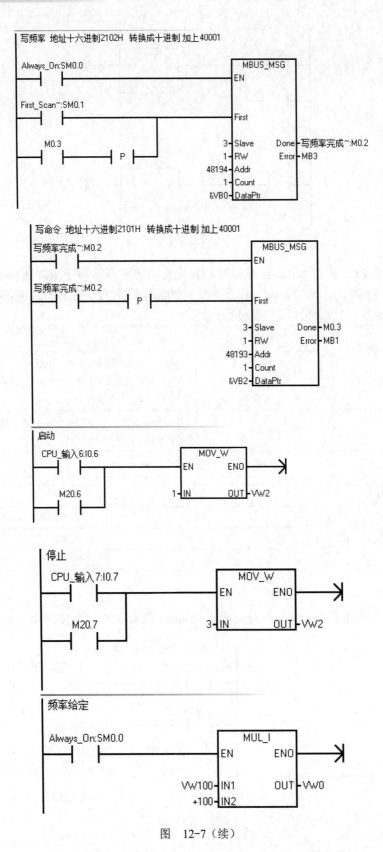

图　12-7（续）

当变频器和 PLC 进行 Modbus 通信时，首先要确定变频器命令来源和频率来源，确定命令和频率功能码地址如图 12-8 所示，将命令 2101H 转换为十进制加上 40001，就是变频器命令功能码地址；然后通过写指令进行控制。

地址	功能		
2100H	未使用		
2101H	控制位		
	位 0	00：停止	
	位 1	01：正转	
		10：反转	
		11：停止	
	位 2	00：无功能	
	位 3	01：外部故障输入	
		10：故障复位	
		11：无动作	
	位 4	ComRef（1：忽略参数设置	
	位 5	ComCtrl（1：忽视参数设置	
	位 6	多功能输入指令 3	
	位 7	多功能输入指令 4	
	位 8	多功能输入指令 5	
	为 9	多功能输入指令 6	
	位 10 ～ 15	未使用	
2102H	频率指令		
2103H ～ 211FH	未使用		

图　12-8